NOTICES

SUR DIVERSES QUESTIONS

DE CHIMIE AGRICOLE ET INDUSTRIELLE

SUIVIES

DE PLUSIEURS NOTICES NÉCROLOGIQUES

Par M. J. Girardin

Professeur de chimie à l'École municipale de Rouen
et à l'École d'agriculture et d'économie rurale de la Seine-Inferieure
Président de l'Académie royale des sciences
et vice-président de la Société centrale d'agriculture de Rouen
Membre de la Société royale et centrale d'agriculture de la Seine
de la Société d'encouragement de Paris, etc.

ROUEN
IMPRIMÉ CHEZ NICÉTAS PERIAUX
RUE DE LA VICOMTÉ, N° 55

1840

MÉMOIRE

SUR LA CULTURE DES

PLANTES TINCTORIALES,

EN NORMANDIE,

Par M. J. GIRARDIN,

Professeur de chimie à l'École municipale et à l'École d'agriculture du département, etc.

Lu dans la Séance publique de la Société centrale d'agriculture de la Seine-Inférieure, le 28 novembre 1839.

Dans un pays où, comme le nôtre, les arts de la teinture et de l'impression des tissus ont pris un si large développement, il semble que la culture des plantes tinctoriales devrait être en rapport avec l'industrie qui les exploite comme matières premières. Il n'en est rien cependant, car toutes les substances végétales qui servent à la coloration des étoffes sont étrangères à la Normandie, et, à part quelques champs de *gaude* et de *pastel*, tout est encore à faire pour introduire dans nos départements ces plantes colorantes qui sont, pour d'autres provinces, une source de richesse et de prospérité.

Il n'en a pas toujours été ainsi, car nos annales historiques nous apprennent que le pastel et la garance furent autrefois, en Basse-Normandie, et pendant plusieurs siècles, les principaux produits du sol et l'objet d'un commerce très lucratif pour la ville de Caen.

En effet, d'après le savant abbé De la Rue [1], il y avait, dès le XIIe siècle, sur les coteaux qui environnent Caen, depuis Saint-Germain-de-la-Blanche-Herbe jusque vers l'abbaye de Sainte-Trinité, un grand nombre de moulins à *vouède* ou *pastel*; et, jusque dans le XVIe siècle, Caen fut l'entrepôt général d'où la France et l'étranger tirèrent cette plante tinctoriale, la seule alors qui fournît une couleur bleue solide, et qui servît à obtenir ces beaux bleus appelés *bleus-perses*, dont parlent les historiens, et qui ont fait la réputation de nos teintureries dans le Levant. Beaucoup d'actes et de chartes du moyen-âge témoignent de ce fait. Ainsi, en 1422, Henri V, roi d'Angleterre, autorisa les habitants de Caen à établir un octroi de 2 sous 6 deniers par *cuve de vouède* chargée au quai de cette ville, pour le produit en être employé à l'entretien des fortifications. Plus tard, en 1578, Henri IV, par lettres patentes du mois de janvier, créa l'office de visiteur général mesureur du vouède croissant dans les vicomtés de Caen et de Bayeux; mais la ville forma opposition à la création de cet office, en remontrant au roi qu'elle avait, par ses privilèges, le droit de nommer quatre mesureurs de vouède, qui exerçaient leurs fonctions dans toute la vicomté, et les lettres patentes furent rapportées [2]. Dalé-

---

[1] Mémoire sur l'ancien commerce de la ville de Caen, inséré dans les *Mémoires de la Société royale d'Agriculture et de Commerce* de Caen, t. 4, p. 18—34.

[2] De Magneville, sur la nécessité de modifier les assolemens en usage dans le département du Calvados, *Annuaire de l'Association normande pour* 1838, p. 35—53.

champs, dans son *Histoire des Plantes*; De Bras, dans ses *Recherches sur la Neustrie*, parlent du pastel comme d'une culture très étendue dans les environs de Bayeux et de Caen, *dont il s'en tire une si bonne quantité*, dit De Bras, *que l'on en faict d'aussy singulières taintures que du même pastel d'Albi.* — Depuis le XVIe siècle, cette culture a toujours été en diminuant, et aujourd'hui c'est à peine s'il en reste quelques traces dans quelques communes voisines de la mer, comme à Mathieu, Cresserons, Luc, Langrune, aux alentours de la Délivrande, qui est actuellement le seul marché pour cette production.

Relativement à la *garance*, il est également certain que, dans le moyen-âge, on la cultivait avec un grand succès dans les environs de Caen, et que son exportation constituait une des branches les plus lucratives du commerce de cette ville. On trouve dans le cartulaire de Troarn des transactions pour la dîme de la garance, dès 1122 [1]; et il y en a une de 1320, passée entre l'abbé de Troarn et le curé de cette paroisse, par laquelle ils conviennent de partager par moitié la dîme de la garance [2]. Villani, écrivain du XIVe siècle, nous apprend, dans son *Histoire de Florence*, que, dès le XIIe siècle, les dames italiennes faisaient usage, pour leur habillement, de l'*écarlate de Caen*, c'est-à-dire des draps et des étoffes de laine teints en rouge avec la garance cultivée en Basse-Normandie, et que la seule ville d'Ypres pouvait entrer en concurrence avec celle de Caen dans ce genre de manufactures [3].

Ainsi, au moyen-âge, c'était la Basse-Normandie qui alimentait de cette précieuse racine les teintureries européennes; mais comment sa culture, originaire du Levant,

---

[1] *Mémoires de la Société linnéenne de Normandie*, t. 1, p. 166.

[2] De Magneville, loc. citat., p. 52.

[3] Muratori, *Antiquitates medii ævi*; vol. 2, p. 400. — De la Rue, loc. citat., p. 52.

était-elle parvenue dans notre province ? C'est là un point historique qu'il n'est pas facile d'éclaircir. Il est probable, toutefois, que c'est par l'Italie qu'elle s'est introduite dans les Gaules, puisque déjà, du temps de Pline [1], la garance était très cultivée en Italie, notamment en Toscane; la garance de Sienne était surtout très renommée [2]. Sous Dagobert, les marchands étrangers venaient acheter cette racine au marché que ce roi avait établi à Saint-Denis. Une charte de ce prince fixe le droit qu'ils devaient payer pour son exportation [3]. — Mais, vers le XVIe siècle, les Flamands s'emparèrent de cette branche d'industrie agricole, et la Basse-Normandie perdit peu à peu cette culture profitable dont la Zélande sut tirer bientôt un si riche parti. Depuis plus de deux siècles, les garancières des environs de Caen ont complètement disparu.

Quelle est donc la cause de la disparition d'une plante qui semblait si bien acclimatée chez nous?.. On conçoit l'abandon de la culture du pastel, depuis l'introduction de l'indigo en Europe; mais la garance est toujours demeurée la substance tinctoriale rouge par excellence; rien ne peut la remplacer, et son emploi a été sans cesse en augmentant. Serait-ce que la physionomie ou l'état physique du pays a changé, et que le sol ainsi que le climat ont éprouvé, par suite, des modifications telles que cette plante ne peut plus y prospérer ? Non assurément, car, comme nous le démontrerons bientôt, des essais récents attestent qu'elle peut encore y donner des racines aussi riches en matière colorante que dans les terres d'Haguenau et d'Avignon. Restent donc des causes purement politiques ou commerciales pour expliquer ce changement si extraordinaire dans les habitudes agricoles

---

[1] *Hist. natur.*, lib. XIX, cap. 3.

[2] Dioscoride, lib. III, cap. 143.

[3] *Recueil des Historiens de France*, de D. Bouquet, t. 4, p. 617, D.

d'un pays, et ce transport de la culture et du commerce de la garance de la Basse-Normandie en Flandre et en Zélande. Mais qui pourrait aujourd'hui les découvrir et en rendre compte? Les documents nous manquent à cet égard, et nous n'entreprendrons pas de soulever le voile qui nous cache ce point si curieux d'économie politique. Nous nous bornerons à constater le fait, sans l'interpréter.

Depuis les troubles de la Ligue, qui marquent à peu près l'époque de la transmigration de la garance dans les provinces bataves, le gouvernement français chercha plusieurs fois les occasions de faire revivre la culture de cette plante, et de délivrer nos teintureries du tribut onéreux que les Hollandais prélevaient sur elles; car, en peu d'années, ce peuple essentiellement commerçant s'était emparé du monopole exclusif de la fourniture de cette denrée tinctoriale. Ainsi, en 1671, Colbert fit publier une instruction sur la culture et l'emploi de la garance; mais les efforts de ce zélé protecteur de l'industrie nationale échouèrent devant l'apathie et l'ignorance des fermiers. Après d'un siècle de distance, vers 1750, un Rouennais entreprit de réaliser le vœu du grand ministre de Louis XIV, et il fut presque sur le point de réussir. Je veux parler de Dambourney, dont j'ai dit ailleurs la vie laborieuse et les nombreux travaux [1]. Pendant quelques années, Rouen vit à ses portes des champs de garance, que l'actif agronome d'Oissel créa avec des boutures de garances du pays et de garances tirées de Lille, par un sieur Pierre Dupont, qui en avait commencé la culture à Elbeuf. Ces heureuses tentatives de Dambourney excitèrent l'attention du Gouvernement, et un arrêt du Conseil d'état, en date du 24 février 1756, exempta de la taille, pendant vingt années, toutes

[1] *Notice historique sur la vie et les travaux de Dambourney, de Rouen.* — Brochure in-8, 1837, N. Periaux.

les terres de marais et autres lieux non défrichés, qui seraient cultivées en garance. Plus tard, en 1762, Bertin, ministre secrétaire d'État, fit distribuer aux Sociétés d'agriculture des généralités de Caen et de Rouen, qui venaient d'être créées, des graines de garance qu'il avait fait venir de Smyrne. MM. de Magneville père et Dambourney furent chargés de les cultiver. Le premier fit ses essais à Ryes, près Bayeux, et obtint d'assez bons produits[1]. Dambourney eut un succès encore plus satisfaisant, et il prouva qu'une acre de terre cultivée en garance rapportait, pour les deux ans de culture, un bénéfice net de 551 livres. Ses expériences de teinture mirent hors de doute la beauté et la richesse du principe colorant des racines récoltées en Normandie. L'exemple et les écrits de Dambourney sur cette nouvelle industrie agricole[2], les encouragements du gouvernement, tout semblait devoir fixer à jamais cette industrie dans notre localité; mais, à la mort du laborieux secrétaire de l'Académie de Rouen, arrivée en 1795, toutes les garancières disparurent, et aujourd'hui il ne reste plus, de tant d'essais et d'efforts, qu'un vague souvenir, et quelques pieds de garance sauvage dans les haies et les fossés d'Oissel Toutefois, ce que Colbert et Bertin avaient voulu, est en partie réalisé, sinon en Normandie, au moins en Alsace et dans le département de Vaucluse, qui, plus heureux, ont vu naître et grandir la culture d'une plante qui, plus que toute autre, a le précieux privilége d'enrichir les pays qui l'adoptent.

Je viens d'esquisser à grands traits ce qui a été fait jadis dans nos contrées relativement à la culture des plantes tinctoriales. Voyons maintenant ce qui existe à cet égard, et ce

[1] De Magneville, loc. citat., p. 52.

[2] *Délibérations et Mémoires de la Société royale d'Agriculture de la généralité de Rouen*, t. 1, p. 241—261; t. 3, p. 248. — *Instruction sur la culture de la garance, et la manière d'en préparer les racines pour la teinture.* 1 vol. in-4°, 1788, Imprimerie royale.

que l'on peut entreprendre pour l'avenir. Dans tout ce qui va suivre, j'aurai, à chaque instant, l'occasion de citer les louables et constants efforts de la Société centrale d'agriculture de la Seine-Inférieure, pour doter le pays de plantes dont nos ateliers de teinture font venir de coûteuses cargaisons des pays étrangers.

Dans l'état actuel des choses, cinq plantes seulement sont exploitées en Normandie, ou en essais d'acclimatation, à savoir : le *Vouède* ou *Pastel*, la *Gaude*, le *Quercitron*, la *Garance*, et le *Polygonum tinctorium*.

Le mémoire que j'ai publié dernièrement, concurremment avec M. Preisser, sur cette dernière plante, me dispense d'y revenir ici [1].

CHAPITRE 1er.

DU VOUÈDE OU PASTEL.

Je n'ai rien à ajouter à ce que j'ai dit plus haut sur le Vouède.

CHAPITRE 2.

DE LA GAUDE.

Quant à la *Gaude* ou *Vaude* (*Reseda luteola*, L.), ce réséda rustique, qui croît naturellement dans presque toute l'Europe, particulièrement dans les lieux sablonneux, dans les friches, dans les taillis, le long des chemins et des fossés, sa culture a été introduite à Oissel, aux environs

[1] *Extrait des travaux de la Société d'agriculture*, cahier de janvier 1840.

d'Elbeuf et de Louviers, il y a près d'un siècle. Parmi les personnes recommandables qui ont contribué à son introduction, on doit citer les familles Grandin et Defontenay. Bientôt cette plante devint, dans ces localités, un objet considérable d'exportation en Hollande, ainsi que nous l'apprend Dambourney, dans le mémoire qu'il a publié *sur la Culture de la Gaude à Oissel*[1].

Là, à cette époque, on semait la gaude, au mois de juillet, entre les raies de fèves blanches ou haricots en fleur, ou après les pois. Dans les bonnes terres, on récoltait 60 bottes de 6 kil. 1/2 par vergée (14 ares 19 centiares), tandis que, dans les sables, on n'obtenait guère que 35 à 40 bottes. Chaque botte se vendait, en 1743, 2 fr. 50 à 3 fr. Vingt ans plus tard, elle ne valait plus que 50 à 60 centimes.

De nos jours, la gaude est encore très cultivée dans le canton d'Elbeuf, mais surtout dans l'arrondissement de Louviers, notamment dans presque toutes les communes du canton du Pont-de-l'Arche et dans celles de la vallée de Louviers; les principales sont Léry, le Vaudreuil, Pîtres, Poses, Alizay, le Manoir, Incarville, Acquigny, Amfreville-sur-Iton. On peut estimer à 320 le nombre d'hectares consacrés à cette culture.

La gaude vient dans tous les sols; mais les meilleurs, sans contredit, sont les fonds secs, argilo-siliceux et abrités. Les terres argileuses, consistantes et fraiches, produisent une plante plus grande, plus branchue; mais, outre qu'elle est plus sensible à la gelée, elle est bien moins riche en principe colorant, et par conséquent bien moins estimée des teinturiers que la gaude fine et droite, non rameuse et abondante en graines des terres légères. Voilà pourquoi

---

[1] *Délibérations et Mémoires de la Société royale d'Agriculture de la généralité de Rouen*, t. 1, p. 275.

les cultures de gaude dans les hautes plaines de l'arrondissement de Louviers, ont été peu à peu abandonnées.

On sème la gaude à la fin de juin et jusqu'à la mi-août, soit dans une terre déjà ensemencée en haricots ou en chardons (*Dipsacus fullonum*, L.), soit, et plus généralement, sur une terre dépouillée de seigle ou de froment, à laquelle il suffit de donner un labour. Si on sème sur des haricots, on répand la semence au moment du second et dernier sarclage; on la recouvre d'une légère couche de terre. On choisit la graine d'un jaune tirant au noir, pesante et nouvellement récoltée, car elle perd promptement sa faculté germinative. 6 à 7 kilogr. par hectare procurent un semis abondant, des brins bien filés et sans branches. Dès que la plante se montre hors de terre avec plusieurs feuilles, ce qui arrive ordinairement à la fin de septembre ou au commencement d'octobre, on donne un sarclage rigoureux pour ne laisser aucune herbe. Ce sarclage coûte de 5 à 6 francs par vergée. — 25 à 30 francs par hectare. Les tiges s'élèvent dès le printemps suivant; dans les premiers jours de mars, si l'état de la terre le permet, on donne un second sarclage, qui coûte un peu moins que le premier, de 4 à 5 francs par vergée. — 20 à 25 francs par hectare. Quelques cultivateurs donnent encore, dans le courant de mai, un troisième sarclage, qui revient de 3 à 4 francs par vergée. Dans les derniers jours de juin, on fait la récolte, en arrachant à la main la plante entière. On la laisse toujours munie de sa racine, non pas que celle-ci contienne sensiblement de matière colorante, mais parce qu'elle donne meilleure façon à la plante, et que cette dernière est alors, comme on dit, *plus de vente*. On dessèche la gaude en plein air, soit en la dressant contre des murs, des haies, ou tout autre appui, soit en la déposant, à mesure qu'on l'arrache, en javelles peu épaisses. Le dessus est promptement jauni par le soleil et la rosée; on retourne alors les javelles, pour laisser sécher et jaunir pareillement le dessous. En moins d'une semaine, par un beau temps, la dessiccation est complète. Les pluies brunissent la plante et lui ôtent presque toute sa valeur. Les teinturiers n'achètent que la gaude d'un beau jaune. Cependant M. de Dombasle a constaté, et nous après lui, que la gaude qui a conservé en séchant sa couleur verte, à cause de la rapidité de la dessiccation, est tout aussi riche en principe colorant et donne d'aussi belles nuances en teinture que celle qui est devenue jaune.

Dans les localités dont je viens de parler, on alterne la gaude avec le blé et le chardon à foulon. En raison de sa végétation pivotante et des nombreux sarclages qu'on lui donne, la gaude est un des meilleurs compôts pour le blé et les autres céréales, qui donnent toujours, après elle, de fort bonnes récoltes.

Les terrains les moins favorables à la gaude rendent, par hectare, 120 bottes de 6 kil. 1/4 chacune ; les terrains de seconde qualité donnent 250 bottes, et les bons fonds 350 ; souvent même, dans les bonnes années, quand la plante n'a pas souffert des gelées tardives et des pluies du printemps, il n'est pas rare de récolter, dans les sols de première qualité bien plantés, de 400 à 500 bottes.

Depuis 5 ans, la botte qui, antérieurement, était toujours vendue à raison de 1 fr. 50 à 2 fr., n'a été achetée que 65 à 80 c.; et comme le cultivateur ne peut pas livrer avec bénéfice au-dessous de 1 fr., en raison des frais de culture et de fermage, il s'ensuit qu'en beaucoup d'endroits on a abandonné la Gaude pour le Colza ; aussi, là où l'on fesait 100 acres de Gaude, à peine en fait-on 20 maintenant. Les prix se sont un peu relevés en 1839 ; on a vendu alors 1 fr. 05, 1 fr. 10 et même 1 fr. 20 ; mais il est très probable que cette hausse, uniquement due au vide des magasins et à la mauvaise récolte de cette année, ne se soutiendra pas dès qu'il y aura retour à la production accoutumée. Malgré les circonstances peu favorables dans lesquelles se trouve cette culture, elle est encore assez importante, puisqu'on estime entre

150 et 200,000 bottes la récolte de chaque année, dans les contrées dont j'ai cité les noms précédemment. Il s'en vend à peu près 1/6 pour Elbeuf et Louviers ; le reste est mis en magasin et est expédié ensuite à Rouen, Paris, Lyon, Lille, Amiens ; on en exporte aussi en Angleterre, en Russie et pour quelques villes libres de l'Allemagne. Mulhausen, qui avait renoncé à son emploi, a fait quelques achats cette année. Presque toujours ce sont des courtiers, parcourant les campagnes, qui achètent la Gaude pour les commerçants.

Dans l'arrondissement d'Evreux, quelques cultivateurs ont adopté récemment cette culture. M. Sandbreuil, au Plessis-Grohan, et à son exemple M. Duret, sèment la plante dans les luzernes, trèfles et minettes, au mois de mars et ils retirent de 127 à 150 bottes par hectare. Les teinturiers, au dire de M. Duret, préfèrent la Gaude produite par cette méthode à celle qui vient de la culture ordinaire, parce que, dans le premier cas, elle est beaucoup plus fine et de meilleure qualité [1].

Les détails que j'ai donnés sur la culture et les prix de vente de la Gaude, permettent d'établir avec exactitude le compte de revient de la dépense et du produit.

Le chapitre de la dépense se compose :

1° Du prix d'une année de loyer et des impositions d'un hectare, de qualité moyenne . . . . . . ci.	65 fr.
2° Du prix de labour, d'ensemencement	15
3° Du prix de deux sarclages, à 30 et 20 fr. . . .	50
4° Des frais de cueillette et de dessiccation	15
Dépense totale. . . .	145 f.
La recette consiste dans	
La vente de 240 bottes à 1 fr. chacune	240
Produit net par hectare. . . .	105 f.

Je ne charge cette recette d'aucuns frais généraux d'ex-

[1] *Recueil de la Société libre d'Agriculture de l'Eure*, t. 4, p. 364.

ploitation. Dans les terres de première qualité, le produit net est relativement bien plus élevé ; il peut aller jusqu'à 200 fr.

Par ce qui précède, on peut voir que le produit de la Gaude varie beaucoup, suivant la nature des terres, le genre de culture et suivant aussi les circonstances de la saison. Il en est de même de la valeur vénale de cette plante, car la demande est quelquefois nulle, et d'autres fois très grande. Ce qui a, sans aucun doute, contribué à faire baisser successivement les prix, surtout depuis quelques années, c'est que les fabricants d'indiennes ont généralement remplacé la Gaude par le *Quercitron*. Cela tient à ce que, d'une part, cette dernière substance tinctoriale est 7 à 8 fois plus riche en principe colorant que la première, et que, de l'autre, celle-ci a l'inconvénient de tacher facilement les parties des toiles qui doivent rester blanches, et de se fixer trop fortement sur les parties garancées ; inconvénients qu'on évite avec le Quercitron.

Mais si, sous ce rapport, la gaude est inférieure au quercitron; d'un autre côté, elle a sur lui, aussi bien que sur toutes les autres matières tinctoriales jaunes, l'avantage de fournir des jaunes purs et brillants qui s'altèrent moins par l'air et la chaleur, et qui ne passent pas aussi facilement au roux. Voilà pourquoi, pour la teinture des laines et des soies, la gaude est toujours préférée.

Je dirai ici que, pour obtenir de plus belles nuances avec cette plante tinctoriale, il faut faire cuire la gaude, non à la température de l'ébullition, ainsi que cela est recommandé dans les traités de teinture, mais à une température comprise entre 70° et 80°. J'ajouterai que, comme les acides affaiblissent la couleur de la gaude, il est important d'employer des eaux calcaires pour faire les bains, ou d'y ajouter un peu de craie ; et que, pour rehausser les teintes jaunes obtenues sur coton, il faut passer celui-ci, après la teinture, dans une eau de savon ou une lessive faible de potasse. Règle générale, il ne faut pas teindre au bouillon les cotons alunés, parce qu'ils abandonnent une partie de leur mordant dans le bain. Avec l'acétate d'alumine, on obtient par la gaude des couleurs plus riches qu'avec l'alun. Pour le beau jaune sur coton, un kilog. de gaude par kilog. de coton suffit; mais il en faut davantage pour la laine et la soie.

La culture de la gaude présente donc pour la Normandie beaucoup d'intérêt sous le double rapport de l'industrie et de l'économie rurale. Cette culture est peu dispendieuse, en sorte que les profits en sont souvent comparativement assez importants, et, parmi toutes les plantes tinctoriales, elle offre au cultivateur l'avantage de pouvoir être livrée presqu'immédiatement au commerce après sa récolte, sans autre soin qu'une simple dessiccation à l'air. Il est à regretter que la concurrence du Quercitron, la difficulté chaque jour croissante de se procurer des bras façonnés aux travaux du sarclage, la langueur de la fabrication des draps enfin l'établissement sur tous les points de la France d'une foule de manufactures de produits laineux qui introduisent avec elles la culture de la gaude dans des contrées où elle était auparavant ignorée, réduisent incessamment pour nos pays l'importance que la culture de cette plante y avait prise. Cela est d'autant plus fâcheux, que la gaude est une récolte intercalaire très précieuse pour la bonne et économique préparation des terres à froment.

Il y a, dans nos départements de l'Eure et de la Seine-Inférieure, certains terrains qui conviendraient parfaitement à la gaude, et qui, moins précieux que ceux qui servent aujourd'hui à sa culture, permettraient de s'y livrer avec plus de bénéfices. Je veux parler des terres argilo-calcaires, qui couvrent les pentes de nos collines de craie. Notre confrère M. Dubreuil père, directeur du jardin de Botanique, en a fait l'essai il y a quelques années, et a obtenu un très beau succès. Les teinturiers ont trouvé sa gaude d'excellente qualité. Il serait d'autant plus intéressant de voir nos cultivateurs suivre l'exemple de M. Dubreuil, que, dans l'état actuel des choses, les terrains dont je parle ont fort peu de valeur ; car, si l'on excepte quelques plantes fourragères, telles que le sainfoin, les récoltes sur ces pentes sont presque nulles.

Chapitre 3.

DU QUERCITRON.

Un habile horticulteur de nos jours, M. Soulange-Bodin a dit avec beaucoup de raison que « l'introduction des arbres forestiers exotiques dans les grandes plantations économiques, mérite d'être considérée comme moyen, non-seulement d'accroître, d'étendre et de varier notre richesse forestière, mais aussi de contribuer à l'amélioration et à la régénération de nos bois. » Cette vérité a toujours été présente à l'esprit des membres de la Société centrale d'agriculture de la Seine-Inférieure ; car, depuis son rétablissement en 1819, cette compagnie a constamment cherché à enrichir notre sol des productions qui lui sont étrangères, notamment de celles qui sont susceptibles d'heureuses applications, soit à notre industrie manufacturière, soit à l'économie domestique. Parmi les grands végétaux ligneux de l'Amérique septentrionale qu'il lui a paru utile de naturaliser, le *Chêne quercitron* (*Quercus tinctoria*, L.) a surtout fixé son attention. Cet arbre précieux, qui peuple les forêts de la Virginie, de la Caroline et de la Géorgie, s'élève à la hauteur de 27 à 30 mètres sur un diamètre proportionné ; il ne redoute pas les gelées de notre climat ; il est propre à regarnir d'arbres les terrains sablonneux de la plus médiocre qualité ; enfin, son écorce est très propre au tannage des peaux et à la teinture en jaune des tissus. C'est en 1775 que le chimiste Bancrofft fit connaître, en Angleterre, l'écorce de quercitron comme matière tinctoriale. Un acte du Parlement lui en accorda l'emploi exclusif, pendant un certain nombre d'années. Bunel, de Rouen, eut ensuite un privilége pour vendre cette substance, dont l'usage est devenu si général dans nos fabriques d'indiennes.

Tous les avantages qui résultent de la culture du chêne quercitron ont été bien appréciés par le botaniste voyageur Michaux, qui a importé cet arbre en France, et qui a contribué à en faire tenter un semis considérable dans le bois de Boulogne, aux portes de Paris, en 1818. Dès que la Société centrale d'agriculture de la Seine-Inférieure connut le succès de ce semis, elle s'empressa, en 1820, de faire venir de New-Yorck un baril de glands, qu'elle distribua entre tous ses membres. Ces glands, plantés en mars 1821, ont parfaitement réussi dans tous les terrains où on les a mis; notamment chez M. le marquis de Martainville, à Sassetot (arrondissement d'Yvetot); madame de Nagu, à la Mailleraie; MM. de la Prévôtière et Periaux, au Bois-Guillaume; M. de la Quesnerie, à Saint-André-sur-Cailly; M. Justin, à Fresne-le-Plan; M. Vanier, au Plein-Chêne, près de Honfleur; M. H. Barbet, à Déville; M. de Captot, à Brétigny (arrondissement de Bernay); MM. Dubreuil, Prevost fils, Vallet aîné, à Rouen, etc. La Société eut le soin d'en faire mettre dans une des forêts du département, afin que la multiplication de cet arbre, venu en futaie, fût constante à l'avenir. Plus tard, à trois reprises différentes, en 1825, 1827, 1831, la compagnie acheta encore des glands d'Amérique, qu'elle répartit entre les principaux propriétaires du département. Elle recommanda surtout d'en mettre sur les coteaux, les terrains vagues et les communaux.

Grâce à tant d'efforts persévérants, le chêne tinctorial est une conquête assurée pour notre sol. Ce qui nous autorise à penser que cet arbre est bien susceptible de s'acclimater en Normandie, comme dans tout le reste de l'Europe, c'est que, l'année dernière, nous avons vu, chez la plupart des propriétaires cités plus haut, des sujets forts et vigoureux, qui témoignent, par leurs proportions et leur brillante végétation, que le sol et le climat leur sont éminemment favorables. Chez MM. de la Prévôtière et de la Quesnerie, surtout, nous avons admiré des chênes de seize ans, dont le tronc a déjà de 45 à 50 centimètres de circonférence. D'après les renseignements que nous avons recueillis, on peut calculer qu'il y a, actuellement, dans le département, près de 500 chênes quercitron, d'une taille de 5 à 7 mètres. Le nombre des sujets plus jeunes est bien plus considérable, grâce aux essais de M. François Durécu. Cet honorable confrère fit, en 1829, des défrichements considérables dans un bois et sur les coteaux en pente de sa belle propriété des Authieux, et il consacra ces terrains à des plantations de chênes, parmi lesquels il introduisit beaucoup de chêne tinctorial. La Société lui décerna, pour cet objet, une médaille d'or de 600 francs, dans sa séance publique de 1831. Malheureusement, les quercitrons ne réussirent pas, à cause de la mauvaise nature des terrains. Cet insuccès ne découragea pas M. Durécu, et, en 1833, après avoir choisi les parties de ses coteaux les plus riches en bonne terre végétale, il y sema de nouveaux glands, qu'il avait fait venir de New-Yorck. Cette fois, grâce à la bonne préparation des défrichements, aux soins apportés à cette opération, le nouveau semis réussit complètement; et, il y a quelques mois, nous avons compté aux Authieux sur les coteaux arides des bords de la Seine, 1800 pieds de quercitron en pleine et parfaite végétation, dont beaucoup ont déjà de 1 mètre 1/2 à 2 mètres de hauteur. Tout fait croire que ces jeunes arbres continueront à prospérer.

Comme c'est surtout pour son écorce tinctoriale que ce chêne est intéressant à propager, il était bon de s'assurer si l'écorce indigène renferme une matière colorante jaune aussi abondante et aussi belle que le quercitron du commerce. M. Michaux s'est empressé de constater ce fait important. A l'exposition des produits de l'industrie de 1823, il a présenté des tissus mérinos, teints avec l'écorce interne des jeunes chênes du bois de Boulogne, et qui offraient des nuances presque aussi parfaites que celles obtenues au moyen du quercitron d'Amérique [1].

J'ai essayé de la même manière l'écorce des quercitrons cultivés en Normandie, que MM. de la Quesnerie et de la Prévôtière ont mise à ma disposition; mais les essais de teinture auxquels je me suis livré, avec cette écorce, n'ont pas été très satisfaisants. Ce résultat doit être uniquement attribué à la trop grande jeunesse des arbres.

Le quercitron d'Amérique n'arrive jamais en Europe en branches ou en tronc. En Amérique, on dépouille l'écorce de son épiderme, qu'on rejette parce qu'il contient beaucoup de matière colorante fauve; puis on pulvérise cette écorce interne sous des meules, et on nous l'expédie ainsi pulvérisée. Il se forme, par cette pulvérisation grossière, une poudre fine et des fibres courtes; celles-ci contiennent deux fois moins de matière colorante que la poudre; aussi le quercitron est d'autant plus estimé qu'il est en poudre plus fine et moins chargé de fibres, et qu'il a, d'ailleurs, une couleur jaune plus pâle. Il faut toujours avoir égard à la proportion des fibres, peu colorantes, dans la teinture, pour régler les dosages du quercitron.

Dans le commerce, on distingue trois espèces de quercitron, savoir :

1. Le *quercitron de Philadelphie*, qui a une couleur blonde et peu de fibres, toujours très petites; c'est la meilleure qualité;

2. Le *quercitron de New-Yorck*, qui présente des fibres plus longues, plus grosses et plus abondantes que le précédent;

[1] *Rapport du Jury de l'exposition des produits de l'industrie de* 1823, p. 151.

3. Le *quercitron de Baltimore*, qui offre aussi des fibres grosses et longues, et souvent des fragments d'écorce qui n'ont pas été moulus.

Tous ces quercitrons arrivent en boucauts de 500 à 700 kilog., ou en fûts plus petits, portant toujours, sur le fond, une marque à feu qui indique l'espèce et le lieu de provenance.

C'est surtout dans la fabrication des indiennes que le quercitron est employé, à la place de la gaude. Pour teindre en jaune uni, on foularde les pièces en acétate d'alumine à 8°; on sèche à la chambre chaude; après 48 heures, on passe dans une eau de craie à 60°, pour enlever l'excès du mordant non combiné; on rince et on plonge dans la décoction qu'on fait avec 1 kilog. à 1 kilog. 1/2 de quercitron par pièce, et 64 gr. de gélatine par kilog. d'écorce. Cette gélatine a pour but de précipiter le tannin du quercitron, et d'obtenir ainsi des couleurs plus brillantes. Les pièces restent 2 heures dans le bain, monté progressivement à 35 ou 40°; si on employait une chaleur plus élevée, les jaunes auraient une teinte brune et un coup d'œil terne.

Il est préférable d'employer la décoction faite à l'avance, plutôt que de plonger les pièces dans le bain où reste l'écorce, parce que celle-ci s'accroche aux pièces, et ne peut être enlevée que par de nombreux lavages.

Avec un mordant à 8°, on obtient la nuance jaune pour meuble. Pour des jaunes plus tendres, on diminue la force du mordant et la quantité du quercitron. On élève moins aussi la température.

Pour la nuance olive, on emploie un mélange de mordant d'alumine et de pyrolignite de fer.

On associe fréquemment le quercitron à la garance, pour avoir l'orange, l'acajou, l'écorce d'arbre, le Jean-de-Paris. On l'associe aussi au sumac, au campêche, à la cochenille, pour modifier un peu les teintes fournies par ces ingrédiens employés seuls.

La décoction du quercitron est plus disposée que celle de la gaude, à s'altérer par l'air et la chaleur. Sa couleur passe plus vite au roux que celle de la gaude. Quand la couleur jaune doit être changée après la teinture par des liquides acides, ce n'est pas le quercitron qu'il faut employer, mais bien la gaude pour le coton, ou le bois jaune pour la laine, attendu que la couleur du quercitron résiste moins à l'action des acides que celle des deux autres substances. C'est surtout lorsqu'on fait des verts avec la dissolution sulfurique d'indigo, qu'il faut avoir égard à cette observation.

Le quercitron n'est presque jamais employé pour la teinture de la laine et de la soie.

Quelquefois, dans le commerce, le quercitron, surtout celui de Philadelphie, est mélangé de sable. On reconnaît cette fraude par la lévigation.

A ceux qui, plus préoccupés des cultures d'agrément que des cultures industrielles, recherchent principalement les arbres qui peuvent contribuer à l'ornement des parcs et des jardins, nous dirons que le chêne dont il est question mérite, à plus d'un titre, de trouver place dans le catalogue des espèces à introduire. L'élévation à laquelle cet arbre parvient, la rapidité de son accroissement, même dans un mauvais sol, son large feuillage, qui. dès la fin de septembre, se diapre des couleurs les plus variées, depuis le jaune citron jusqu'au rouge marron : toutes ces qualités le recommandent auprès des amateurs et le rendent aussi précieux pour le jardin paysagiste que le maronnier d'Inde, le pavia à longues grappes, le mûrier à papier, le tulipier, etc., qui, transportés aussi de contrées lointaines, semblent, aujourd'hui, des espèces indigènes à notre sol. Il en sera bientôt ainsi, nous l'espérons du moins, du chêne que nous recommandons d'autant plus vivement à la sollicitude des propriétaires éclairés de notre pays, qu'en raison des propriétés de son écorce, cet arbre ne restera pas, comme les précédents, un vain et stérile ornement pour nos campagnes.

CHAPITRE 4.

DE LA GARANCE.

S'il est une plante qui mérite d'être propagée en France, c'est à coup sûr la garance, que sa précieuse matière colorante rouge place au premier rang des substances tinctoriales. Depuis la restauration, la couleur rouge adoptée pour le pantalon et le liseré des habits des troupes, a contribué puissamment au développement de la culture de cette plante en Alsace et dans l'ancien comtat d'Avignon. Mais la consommation sans cesse croissante de sa racine appelle de nouveaux efforts, et il est très important que les Sociétés d'agriculture recherchent expérimentalement quels sont les pays et les terrains qui permettent d'introduire cette nouvelle culture là où jusqu'ici elle est encore inconnue. Déjà, depuis 1835, des essais de cette nature ont été entrepris par les Sociétés savantes de Troyes et de Meaux, et il y a tout lieu de croire que ces tentatives, couronnées d'un assez beau succès, vont devenir générales. La garance joue un si grand rôle dans l'industrie de notre département, qu'il est intéressant, pour nous, de savoir tout ce qui se fait en faveur de la production de cette denrée tinctoriale, et de s'assurer s'il n'y aurait pas possibilité de rendre à nos contrées une culture qui lui était propre, bien long-temps avant que la Flandre et le Midi l'aient, pour ainsi dire, monopolisée. Il est superflu de faire ressortir ici tous les avantages qui résulteraient, pour nos ateliers, de l'admission de cette plante dans les fermes normandes. Puisque la France ne peut suffire à son approvisionnement en garance, et qu'il y a encore place sur le marché pour de nouveaux venus, les pays qui consomment l'alizari doivent, avant tous les autres, rechercher les moyens de le produire au meilleur marché possible, non pour anéantir les exploitations de l'Alsace et du Midi, mais pour créer une salutaire concurrence qui fasse baisser les prix d'achat, et qui rende les producteurs du Comtat plus scrupuleux sur la confection de leurs poudres, qui, nous devons le dire, sont journellement fraudées et dénaturées dans un intérêt cupide.

Si rien jusqu'ici n'avait été fait en Normandie sur la culture dont nous parlons, il y aurait, avant tout, à rechercher si notre climat et notre sol sont de nature à permettre à la garance de s'y développer avec succès. Sous ce rapport, l'expérience a prononcé, puisque, comme nous l'avons établi au début de ce mémoire, nos contrées normandes ont été les premières, en France, à cultiver cette racine, et que, depuis l'époque reculée où la garance figurait parmi les productions ordinaires du pays, les essais de Dambourney, ceux plus récents de Benjamin Pavie, en 1805 [1], ont démontré suffisamment que cette plante fournit de bonnes racines dans quelques-uns de nos terrains. D'ailleurs, des deux conditions indispensables au succès de toute espèce de culture, à savoir le climat et le sol, la première paraît avoir peu d'effet sur la garance, puisque nous voyons l'alizari réussir également bien sous des latitudes fort différentes, sous le ciel brûlant du Levant, de l'Italie et du midi de la France, comme sous le ciel froid et brumeux de l'Alsace et de la Zélande. L'autre condition, la nature du sol, mérite seule d'être prise en considération Comme cette question nous paraît avoir une certaine importance, nous entrerons dans quelques détails à cet égard.

Dans tout sol, il y a deux choses fort différentes à considérer : les qualités physiques et la constitution chimique.

Sous le premier rapport, il paraît bien constant qu'une terre est d'autant meilleure pour la garance, qu'elle a plus

---

[1] *Précis de l'Académie royale des sciences de Rouen, pour* 1805. t. 6, p. 76.

d'affinité pour l'humidité atmosphérique, qu'elle se dessèche plus lentement, qu'elle adhère moins aux outils et qu'elle fait moins corps étant sèche [1]. En d'autres termes, une terre meuble et légèrement humide, reposant sur un sous-sol profond, semble réunir les qualités les plus propres au parfait développement de la garance. Mais il faut aussi que cette terre soit homogène dans toutes ses parties, et exempte de graviers, car l'expérience a prouvé que quand le sol est graveleux, la plante n'y prospère pas, et que les travaux de l'arrachage morcellent la racine, de sorte qu'elle est alors d'une vente difficile et d'un très médiocre produit.

Sous le second rapport, la nature chimique du sol, il y a une grande divergence d'opinions à cet égard. Les uns, et c'est le plus grand nombre parmi ceux qui ont écrit sur la culture de la garance, prétendent que la composition minérale du sol est à peu près indifférente à cette plante [2]. D'autres, et parmi eux

---

[1] De Gasparin, *Mémoire sur la culture de la garance*, inséré dans le *Guide du Propriétaire des biens soumis au métayage*, t. 2, p. 205.

J. Bastet, *Essai sur les garances de Vaucluse*; Orange, 1835, broch. in-8°, p. 50.

J. Bastet, *Nouvel essai sur la culture vauclusienne et l'histoire naturelle de la garance*; Orange, 1839, broch. in-8°, p. 29.

[2] Duhamel, *Mémoire sur la garance et sa culture*, in-4°. — Paris, 1757, p. 8.

Althen, *Mémoire sur la culture de la garance*. Journal de physique, 2, p. 152—162.

E. J. J. Q., *Traité sur la culture de la garance*. Avignon, 1827, broch. in-8°, p. 14.

J.-A. Verplanken, *Description de la culture de la garance*. Bruxelles, 1835, broch. in-8°, p. 11.

De Gasparin, loc. citat., p. 210.

J. Bastet, loc. citat., p. 56—153.

J. Bastet, 2e broch., loc. citat., p. 10—29—72.

Baron E.-V.-B. Crud, *Économie théorique et pratique de l'agriculture*. Paris, 1839, t. 2, p. 133.

se trouve surtout M. H. Schlumberger de Mulhausen[1], soutiennent que les remarquables différences qui existent entre les garances d'Alsace et d'Avignon, dans leurs propriétés chimiques et leur manière de se comporter en teinture, sont essentiellement dues à la diversité de composition chimique dans les sols qui les produisent, et surtout à l'influence du calcaire, qui manque presque totalement dans les terres d'Alsace, et qui abonde au contraire dans celles d'Avignon. On sait, en effet, que les alizaris d'Alsace ne fournissent, sans l'addition de craie aux bains de teinture, que des couleurs ternes et peu solides, tandis que ceux d'Avignon n'ont aucun besoin de l'intermédiaire de la craie pour donner les couleurs les plus fixes et les plus brillantes; et comme M. H. Schlumberger a reconnu, par l'analyse, que les cendres des alizaris d'Avignon renferment quatre fois plus de carbonate de chaux que les alizaris d'Alsace, il semble assez rationnel d'attribuer au terrain plus ou moins calcaire dans lequel elles sont cultivées, cette différence si notable dans la constitution chimique des deux racines.

Suivant M. Bastet, voici les meilleures proportions d'humus, de calcaire, d'argile et de sable que puisse contenir un sol, pour que la garance y soit de belle venue et d'excellente qualité :

	ORANGE.	CLAUSAYES.	COURTHÉZON.	CAUSANS.
Humus	5,50	5,50	5,50	5,00
Calcaire	41,00	37,00	38,00	47,00
Argile	18,00	29,00	35,00	28,00
Sable	35,00	29,00	21,00	20,00
	99,50	100,50	99,50	100,00

[1] *Examen comparatif de la garance d'Avignon à la garance d'Alsace.* — Bulletin de la Société industrielle de Mulhausen, t. 7, p. 99, et t. 8, p. 401.

Ce qui donne pour moyenne :

Humus	5,375.
Calcaire	40,750.
Argile	27,500.
Sable	26,250.
	99,875.

Sans admettre, dans leur totalité, les propositions de M. Schlumberger, qui voit, dans le carbonate de chaux, la cause essentielle, unique, de toutes les propriétés spéciales des garances d'Avignon, et qui va même jusqu'à prétendre que les alizaris d'Avignon, transplantés dans un terrain peu calcaire, donnent des garances analogues à celles d'Alsace, de même que les alizaris d'Alsace, mis dans un sol très calcaire, acquièrent toutes les qualités des garances d'Avignon, on ne peut, toutefois, se refuser à attribuer aux terrains plus ou moins calcaires, une influence sensible sur la qualité des garances qui y croissent.

Un autre élément du sol dont l'influence sur le développement de la garance n'est mise en doute par personne, c'est l humus. L'expérience démontre, en effet, que, dans des sols de composition identique, la plante y prospère d'autant mieux et devient d'autant plus riche en parties colorantes, que la proportion d'humus est plus forte. Il importe donc surtout d'amender avec beaucoup d'engrais, notamment avec les plus chauds, tels que les fumiers de cheval et de mouton, puisque la quantité et la beauté des produits en alizaris, sont toujours en raison directe de l'engrais.

Ainsi, de ce qui précède, il faut nécessairement conclure que c'est à tort qu'on a dit que la nature chimique du sol est presque indifférente à la garance, et il est évident qu'aux qualités physiques indiquées précédemment comme devant se rencontrer dans le terrain où l'on veut tenter cette culture, il faut encore ajouter ces deux qualités chimiques : abondance d'humus et proportion convenable de calcaire.

En présence de ces faits, il vient naturellement à la pensée que les pays où les sols calcaires abondent, sont préférablement ceux qui doivent essayer la culture de la garance; et comme, dans la Haute-Normandie, la craie recouvre pour ainsi dire toutes les formations géologiques, il est raisonnable de penser que des essais de ce genre pourront être couronnés de succès. Ce qu'il y a de certain, c'est que, dans les terrains calcaires de Seine-et-Marne, où plusieurs agriculteurs ont entrepris des cultures de garance, on a récolté tout récemment de très bonnes racines [1]. M. Batereau-Danet, de Meaux, auquel la Société royale et centrale d'agriculture de Paris a décerné, l'année dernière, une médaille d'argent pour cet objet, a constaté que cette culture donne par hectare et pour une période de trois ans, un bénéfice de 600 et quelques francs au delà de celui que produit la culture ordinaire du pays, indépendamment de la valeur d'une certaine quantité de fourrage dont il n'a pas été tenu compte [2]. M. le comte de Piolenc, qui, depuis trois ans, cultive la garance à Bellay-sur-Somme, aux environs d'Amiens, a obtenu des produits très beaux, et comparables à la meilleure garance d'Avignon [3].

Des boutures provenant d'Alsace et d'Avignon, ont été envoyées par M. H. Schlumberger de Mulhausen, à la Société d'agriculture du département de l'Aube, et cultivées par quelques-uns de ses membres, aux environs de Troyes. Elles ont parfaitement réussi. Les racines qu'on en a obtenues ont été soumises à des essais de teinture, par M. Schlumberger, et voici les conclusions qui ont été tirées de ces essais, savoir :

---

[1] Société d'agriculture, sciences et arts de Meaux. — *Publication de mai 1837 à mai 1838*, p. 48.

Bulletins de la Société royale et centrale d'agriculture de Paris. N° 20, mars 1839. N°s 22 et 23, mai 1839.

[2] *Bulletin de la Société royale et centrale d'agriculture de Paris*, N° 25. 1839.

[3] *Mémoires de l'Académie des sciences, agriculture, commerce, arts et belles-lettres du département de la Somme.* 1839, p. 293.

1. Que les garances, espèce d'Alsace, cultivées aux environs de Troyes, donnent des couleurs beaucoup plus vives et plus intenses que celles cultivées en Alsace, et qu'elles acquièrent, dans le sol des environs de Troyes, un accroissement de principe colorant qui les rend à peu près égales aux garances d'Avignon;

2. Que les garances, espèce d'Avignon, plantées aux environs de Troyes, produisent des couleurs dont le rouge a tant d'éclat et de vivacité, qu'on doit espérer, d'après ces essais, d'obtenir dans les terres calcaires de la Champagne, une puissance colorante supérieure à celle acquise par les mêmes racines dans le sol d'Avignon [1].

Une médaille d'or est offerte, par la Société d'agriculture de l'Aube, à celui des cultivateurs de ce département qui aura cultivé, en garance, au moins 40 ares de terrain crayeux, sans interruption, pendant tout le temps qui s'écoulera depuis le mois de mars 1841 jusqu'au mois de décembre 1843.

La question de savoir si la garance peut prospérer et donner de beaux produits dans notre département, est en grande partie résolue par les soins de deux habitans de Rouen, MM. Malcouronne aîné, membre du conseil municipal, et Mauger, ancien teinturier.

Dès 1832, M. Malcouronne fit un semis de garance d'Avignon, sur deux perches (71 centiares) d'un terrain sablonneux du Petit-Quevilly. Les racines qu'il récolta à 30 et 42 mois, offraient une belle apparence, et semblaient peu différentes des alizaris de Provence. En 1838, M. Malcouronne fit un second essai sur 2 acres 1/2 (1 hectare 42 ares), dans un terrain également sablonneux, situé entre les Chartreux et le jardin botanique de Trianon. Les plantes

[1] *Mémoires de la Société d'agriculture, sciences, arts et belles-lettres du département de l'Aube*. N°s 67 et 68. 1838, p. 165. — N° 73, 1er trimestre de 1840, p. 21, 43, 77.

présentaient déjà, l'année dernière, une fort belle végétation, et il y a tout lieu de croire que les produits ne seront pas moins bons à la troisième année de culture. M. Malcouronne compte, d'après le premier essai, sur une récolte de 3 mille kilog. de racines par hectare. J'ai l'honneur d'exposer à vos regards des échantillons d'alizaris de 30 et 42 mois, récoltés au Petit-Quevilly.

Les propriétés physiques des terrains dans lesquels M. Malcouronne a fait ses cultures, me faisaient présumer à l'avance que ces alizaris devraient se comporter en teinture comme ceux d'Alsace, c'est-à-dire ne donner de couleurs solides et brillantes que par l'intermédiaire de la craie. C'est ce que l'expérience a confirmé. Les terrains du Petit-Quevilly et des Chartreux, comme tous ceux d'ailleurs de la vaste plaine d'Oissel, sont essentiellement siliceux, et, sous ce rapport, ils n'ont aucune analogie avec les terres à garance du midi. J'ai fait l'analyse de ces sables, et voici leur composition sur 100 parties.

TERRE DU PETIT-QUEVILLY.

Eau d'interposition			1,660
Gros gravier	Siliceux		8,960
	Calcaire		0,220
Sable moyen	Siliceux		7,150
	Calcaire		0,290
Sable fin	Siliceux		68,870
	Calcaire		0,680
Matières solubles dans l'eau	Humus soluble azoté	0,1	04,000
	Chlorures et carbon. alcal. / Sulfates alcalins et magn. / Sulfate de chaux.	0,3	
Terre tenue	Humus insoluble		2,708
	Argile		6,709
	Calcaire		0,946
	Peroxide de fer		0,906
	Carbonate de magnésie		0,501
			100,000

Calcaire sur 100 parties 2,136

TERRE DES CHARTREUX.

Eau d'interposition			0,990
Gros gravier siliceux			10,380
Sable moyen siliceux			7,650
Sable fin siliceux			68,830
Matières solubles dans l'eau.	Humus soluble azoté	0,105	0,450
	Sulf de chaux en prop. notables. / Chlorures et carb alcal. / Sels de magnésie.	0,345	
Terre tenue	Humus insoluble		3,159
	Argile		7,254
	Calcaire		0,503
	Peroxide de fer		0,538
	Carbonate de magnésie		0,246
			100,000

Calcaire sur 100 parties 0,503

Comme on le voit, les terrains de la rive gauche de la Seine, en face de Rouen, sont, pour ainsi dire, dépourvus du principe calcaire, et ils diffèrent considérablement, sous tous les rapports, des terres à garance du midi. Une conséquence de mes analyses, c'est que, pour arriver à produire, dans ces sortes de sols, des alizaris analogues à ceux d'Avignon, les plus recherchés par les teinturiers et les indienneurs de notre département, il est indispensable d'introduire comme amendement, des proportions considérables de marne, et beaucoup d'engrais. C'est ce que M. Malcouronne se propose de faire, d'après mes conseils...... Assurément, si l'on a le choix, ce n'est pas dans les sables de la plaine d'Oissel qu'il faudra tenter des cultures en grand de garance; il conviendra de chercher des terres aussi meubles, mais plus calcaires; et, sous ce rapport, les terrains situés à la base de nos collines de craie, qui paraissent si favorables à la culture de la gaude, d'après M. Dubreuil, devront présenter toutes les conditions désirables. C'est un essai que nous tenterons bientôt.

Une autre observation, qui n'est pas sans quelque importance, est relative au choix de la graine à employer. Il me semble qu'il faut donner la préférence aux graines de Smyrne et de Chypre, sur celles d'Avignon; car celles-ci, provenant de plantes qui n'ont qu'une existence de 18 mois, doivent être moins nourries, moins propres à fournir des racines riches en matière tinctoriale, que des graines qui viennent de garances plus âgées, et chez lesquelles l'acte de la végétation a eu plus de temps pour élaborer tous les principes. Il sera curieux de déterminer si les garances récoltées dans nos pays donnent des semences aussi bonnes que celles du midi et du levant, et s'il ne sera pas plus avantageux de préférer les plantations par boutures aux semis.

M. Mauger, ancien teinturier à Rouen, rue Préfontaine, a fait, comme M. Malcouronne, des essais de culture de garance, dans les communes de Belbeuf et Saint-Pierre-de-Franqueville, canton de Boos. Il a expérimenté de trois manières différentes : 1° en semant à la volée, et repiquant ensuite, comme on le fait pour le colza ; 2° en semant sans repiquage ; 3° par boutures. Il a donné la préférence au premier mode de culture. Ses cultures ont eu lieu dans une île de la commune de Belbeuf, et sur un terrain argileux dans la commune de Franqueville. Dans l'un et l'autre cas, la terre n'a pas été bien fumée ; elle a été labourée seulement de 19 à 22 centimètres de profondeur. M. Mauger a semé à la volée, au mois de mai, par un temps doux et beau, et il a repiqué en septembre suivant, dans une terre peu fumée, mais rendue meuble ; il a fait houer et sarcler à l'automne, et a continué les sarclages deux ou trois fois par an, suivant le besoin. Il a fait arracher à 4 ans, dans l'île, et à 5 ans dans la terre argileuse de Franqueville. Je mets sous vos yeux des échantillons d'alizaris de ces deux localités. On peut voir qu'ils ont une grosseur peu commune. Les cultures ont été faites sur 30 perches (9 ares 69 centiares), qui ont produit à peu près 300 kilog. de racines, ce qui fait 2,820 kilog. par hectare, produit bien inférieur à ce qu'on récolte dans le midi, puisque, terme moyen, un hectare fournit, après 30 mois de culture, 3,500 kilogrammes.

J'ai fait l'analyse des deux sortes de terre dans lesquelles M. Mauger a cultivé. Voici leur composition sur 100 parties :

TERRE DE FRANQUEVILLE.

Cette terre contient 3 p. 0/0 d'eau d'interposition.

Séchée à 100°, elle renferme :

Gros gravier siliceux			10,80
Sable moyen siliceux			6,40
Sable fin siliceux			59,56
Matières solubles dans l'eau.	Humus soluble azoté	0,25	0,65
	Carbon. et chlorures alcal. Sulfate de chaux en forte proportion.	0,40	
Terre tenue...	Humus insoluble		2,00
	Argile		18,52
	Calcaire		1,03
	Peroxide de fer		1,04
			100,00

Calcaire sur 100 parties........ 1,03.

TERRE DE L'ILE DE BELBEUF.

Cette terre contient 9,8 p. 0/0 d'eau d'interposition.

Séchée à 100°, elle renferme :

Sable fin	Siliceux		11,28
	Calcaire		6,77
Débris organiques grossiers et de coquilles			1,00
Matières solubles dans l'eau.	Humus soluble azoté	0,47	0,85
	Carbon. et chlorures alcal. Sulfates alcalins et sels magnésiens	0,38	
Terre tenue...	Humus insoluble		17,30
	Argile		34,60
	Calcaire avec carbon. de magn.		12,18
	Peroxide de fer		16,02
			100,00

Calcaire sur 100 parties.......... 18,95.

Comme on le voit, ces terres se rapprochent plus, par leur composition, des terres à garance du midi, que les terrains de la rive gauche de la Seine, dans lesquels M. Malcouronne a cultivé les alizaris. Voici quelle serait la dépense par hectare, pour une culture de garance de 3 ans, dans ces sortes de terre :

Loyer pour trois ans, à 105 fr. l'hectare.....	315 fr.
Fumier....................................	220
Sarclages.................................	260
Arrachage.................................	87
Dessiccation et emballage.................	100
Dépense pour trois ans..........	982 fr.

J'ai soumis les alizaris de MM. Malcouronne et Mauger à des essais de teinture, comparativement avec les alizaris d'Alsace et d'Avignon, et voici ce que j'ai reconnu.

Pour amener à une même nuance de rouge 5 centimètres carrés de toile, mordancée convenablement, j'ai employé :

10 grammes d'alizari de Franqueville.
10 gr. 1/2 d'alizari d'Avignon, de 30 mois.
10 gr. 1/2 d'alizari de Rouen, de 42 mois.
10 gr. 3/4 d'alizari de Belbeuf.
12 gr. 1/3 d'alizari d'Alsace.
12 gr. 2/3 d'alizari de Rouen, de 30 mois.

Les nuances obtenues avec les alizaris de Franqueville, de Belbeuf et de Rouen, de 42 mois, résistent mieux que les alizaris d'Avignon et d'Alsace, au chlore, au sel d'étain, aux alcalis, à l'acide nitrique; celles obtenues avec les alizaris de Rouen de 30 mois, se comportent absolument comme ces derniers.

On voit donc, d'après ces essais, que les alizaris de Franqueville sont les plus riches de tous en principe colorant; que ceux de Rouen, récoltés à 42 mois, sont égaux aux meilleurs alizaris d'Avignon; que ceux de Belbeuf, récoltés à 4 ans, diffèrent peu de ceux-ci, et sont supérieurs aux alizaris d'Alsace; enfin, que les alizaris de Rouen, arrachés à 30 mois, ont, à peu de chose près, la même force tinctoriale que les alizaris d'Alsace.

Dans une autre série d'expériences, j'ai pris, comme terme de comparaison, les alizaris d'Avignon qui sont actuellement dans le commerce, et qu'on arrache après 18 mois de culture. Dans ce cas, les alizaris de MM. Mauger et Malcouronne, sans excepter ceux de 30 mois, se sont montrés bien supérieurs, tant sous le rapport de l'intensité, que sous celui de la vivacité des nuances qu'ils fournissent en teinture. Cela ne doit pas surprendre, puisque les alizaris indigènes ont séjourné beaucoup plus de temps en terre que ceux du midi. L'expérience des cultivateurs de tous les pays, et des considérations tirées de la chimie et de l'examen anatomique et physiologique des racines, mettent tout-à-fait hors de doute qu'avant 18 mois, le principe tinctorial est en trop petite quantité dans la garance ; que, de cette époque à 3 ans, il acquiert son maximum de développement ; qu'ainsi, la garance ne doit être arrachée qu'au bout de trois ans ; que cette règle doit surtout s'appliquer aux pays du nord, où la végétation dure moins long-temps ; enfin, qu'il y a toujours avantage, sous le rapport de la quantité et de la beauté du principe colorant, à prolonger la durée de cette culture, ainsi qu'on le fait en Chypre, en Livadie, et dans tout le levant, où les racines restent 5 à 6 ans en terre[1].

Sous le point de vue économique, la culture des garances, dans nos terres, peut offrir d'assez grands avantages pour décider les agriculteurs à suivre l'exemple de MM. Malcouronne et Mauger, puisqu'il résulte d'un compte de revient qui m'a été fourni par M. Bourcy de Franqueville, que le

---

[1] Felix, *Mémoire sur la teinture et le commerce du coton filé rouge de la Grèce.* — Annales de chimie, t. 31, p. 195 (1799).

Gasparin, loc. citat., p. 283.

J. Decaisne, *Recherches anatomiques et physiologiques sur la garance.* 1 vol. in-4°. Bruxelles, 1837, p. 35 et suivantes.

bénéfice annuel, par hectare, peut être porté à 370 fr. au moins, sans compter la valeur d'une certaine quantité de fourrage qu'on a négligé, et qu'on pourrait évaluer au moins à 75 fr. Le bénéfice serait encore plus grand, si l'on utilisait, pour cet objet, les terrains calcaires de moindre valeur qui sont à la base de nos collines de craie, et qui devront présenter toutes les conditions désirables pour ce genre de culture.

Ce qu'il y aurait surtout de très avantageux pour notre pays, si la culture de la garance devenait usuelle aux environs de Rouen, c'est que nos teinturiers et indienneurs, trouvant, sur place, des racines entières, et pouvant les faire triturer sous leurs yeux, ils ne seraient plus exposés à ces pertes et à ces déceptions continuelles qu'occasionne l'emploi des garances d'Avignon, qui, maintenant, sont presque toujours de mauvaise qualité, soit par défaut de culture, soit par les falsifications qu'elles éprouvent dans les lieux même de production.

SUR

UNE NOUVELLE APPLICATION

DU CHARBON ANIMAL.

Note lue à la Société centrale d'agriculture de la Seine-Inférieure, en Mai 1840.

Par M. J. GIRARDIN,
Professeur de chimie à l'Ecole municipale et à l'Ecole d'agriculture du département, etc.

Dans beaucoup de localités privées de cours d'eau naturels et où il n'existe que de mauvais puits ou des mares infectes, on manquerait du liquide le plus indispensable à l'existence de l'homme et des animaux, si l'on ne retenait les eaux du ciel au moyen des réservoirs souterrains, connus sous le nom vulgaire de *citernes*. Lorsque ces réservoirs sont établis d'après de bons principes, que l'air s'y renouvelle, et que l'eau y arrive après avoir subi une filtration préliminaire à travers les couches de sable d'un petit citerneau, l'eau des citernes est certainement l'une des plus salubres qu'on puisse boire, car l'eau des pluies est toujours plus pure que celle des sources et des rivières, chargées ordinairement de matières salines ou de matières organiques.

Mon but, en rédigeant cette notice, n'est pas d'insister sur les immenses services que les fermes, les habitations rurales,

les châteaux peuvent retirer des citernes. J'ai traité cette question dans un mémoire qui fait partie du recueil des travaux de la Société d'agriculture, sous le titre de : *Quelques conseils aux cultivateurs à propos de la sécheresse qui a régné en 1834 et en 1835 dans le département*[1]. Je veux seulement aujourd'hui appeler l'attention des fermiers et des propriétaires ruraux, sur un inconvénient que présentent les citernes récemment construites, ou nouvellement réparées.

Tout le monde sait que, pour s'opposer aux filtrations d'eau, on pave ou on dalle le sol des citernes à mortier de chaux et ciment, et qu'on élève les murs de ces réservoirs avec des pierres calcaires ou des silex réunis par la chaux et le ciment, ou revêtus d'un enduit de chaux hydraulique. Or, dans les premiers temps qui suivent l'achèvement des travaux, l'eau qui séjourne dans les citernes se sature de chaux qu'elle enlève aux parois, et elle est alors peu propre aux besoins domestiques.

Un fait de ce genre se passa, il y a quatre ans, à la Vaupalière, près Rouen, dans la propriété de mon très regrettable ami, feu Arsène Maille, naturaliste fort distingué. On venait de reconstruire à neuf la citerne du château du Parquet, et ses murs avaient été cimentés avec beaucoup de soin. Lorsque, quelques mois après, on voulut faire usage de l'eau qu'elle contenait, on lui trouva une saveur âcre si prononcée, qu'il fut impossible de l'employer au service de la cuisine. M. Arsène Maille, à qui les connaissances chimiques étaient familières, car il avait long-temps travaillé dans le laboratoire de M. le professeur Vitalis, ne douta pas que cette mauvaise qualité de l'eau ne fût due à la chaux qu'elle avait enlevée au ciment nouveau, et il s'en convainquit à l'aide de quelques

[1] Extrait des travaux de la Société centrale d'agriculture du département de la Seine-Inférieure, t. VIII, 57e cahier. Trimestre d'avril 1835, p. 302.

essais. Il fit vider la citerne à plusieurs reprises, espérant que la quantité de chaux en excès à l'état caustique dans le ciment, serait bientôt épuisée; mais il en fut autrement; l'eau conserva, pendant plus de six mois, sa saveur âcre et urineuse, ainsi que sa causticité. Ne sachant plus comment remédier économiquement à un si grave inconvénient qui privait toute sa maison d'eau potable, M. Arsène Maille vint me raconter son embarras et réclamer mes conseils. Jusqu'alors mon attention n'avait point été appelée sur un fait de ce genre, et j'avoue que, dans le premier moment, je n'entrevoyais pas le moyen de résoudre le problème posé par mon ami. Cependant, après quelques instants de réflexion, je me rappelai que plusieurs chimistes distingués, Payen, Derosne, Graham, Dubrunfaut, avaient découvert, il y a une douzaine d'années, une propriété très curieuse dans le charbon d'os, celle d'enlever à l'eau la plus grande partie des matières salines qu'elle tient en dissolution, notamment des sels calcaires. Je fis aussitôt quelques expériences pour m'assurer du fait, et j'acquis la certitude qu'en agitant de l'eau saturée de chaux avec une petite quantité de noir animal en poudre, celui-ci s'empare de toute la chaux en moins de 30 à 40 minutes, si bien que l'eau filtrée n'a plus de saveur âcre, plus d'action sur le sirop de violettes, ne précipite plus en blanc par l'acide oxalique, caractères qu'elle possède à un très haut dégré avant son contact avec le charbon Eclairé par ces expériences, j'engageai M. Arsène Maille à jeter dans sa citerne une douzaine de kilogrammes de noir animal pulvérisé. Mon ami, convaincu par les résultats que j'avais obtenus en sa présence, suivit mon conseil, et, quinze jours après, il me fit savoir que la réussite la plus complète avait couronné nos espérances. L'eau ne renfermait plus de chaux en dissolution, et, depuis quatre ans que le charbon a été mis dans la citerne, celle-ci a constamment fourni de très bonne eau.

Voilà donc un moyen bien simple et peu dispendieux de faire disparaître l'inconvénient fort grave que présentent les citernes cimentées à neuf. Cette propriété remarquable du charbon animal, peu connue encore, donne à cette substance un nouveau degré d'intérêt. Jusqu'ici le charbon n'avait été appliqué à la dépuration des eaux, que comme corps décolorant et désinfectant, susceptible de leur enlever les matières organiques rendues odorantes par un commencement de fermentation; et, pour cette application, c'est au charbon de bois ou à la braise qu'on a habituellement recours. Il est évident, maintenant, qu'il y aura un grand avantage à remplacer le charbon de bois par le charbon animal, pour la clarification des eaux troubles et infectes, puisque, tout en faisant disparaître leur odeur désagréable, en leur rendant une limpidité parfaite, ce charbon les dépouillera complètement des sels calcaires qu'elles tiennent presque toujours en dissolution.

La première indication de cette action du noir animal sur la chaux est due à M. Payen. Dans son *Mémoire sur le charbon animal*, couronné par la Société de pharmacie de Paris, en 1822, ce chimiste dit que le charbon animal, projeté dans les sirops de cassonade, agit efficacement pour le raffinage, en entraînant la précipitation de la majeure partie de la chaux qui existe dans le sirop; en effet, le sirop devient beaucoup moins alcalin, et le charbon déposé contient une grande quantité de chaux [1]. Il paraît que M. Ch. Derosne avait remarqué précédemment cette propriété dans le noir animal appliqué au raffinage des sucres. Dans l'article *charbon animal*, du *Dictionnaire technologique*, article rédigé en 1824, M. Payen parle plus en détail de cette saturation de la chaux des sirops par le charbon; il indique l'ébullition du charbon avec le liquide alcalin comme nécessaire, et il avance que les charbons sans *phosphate de chaux*, ne possèdent pas cette faculté d'enlever la chaux aux sirops et

[1] Journal de pharmacie, 1822. T. VIII, p. 285.

autres liquides [1]. En 1823, M. Dubrunfaut soupçonna, de son côté, que le charbon animal sature la potasse et l'ammoniaque [2], et il vérifia ce fait par des expériences directes, en 1827. Il reconnut alors que le charbon sature tous les alcalis, ou plutôt se les approprie, ainsi que les divers sels solubles à base alcaline, tels que le sel marin, le sulfate de potasse, les carbonates alcalins, et surtout les sels calcaires, qui se trouvent en solution dans les jus de betteraves après la défécation; voilà pourquoi ce charbon, d'après lui, offre tant d'avantages dans la fabrication du sucre indigène et dans la cuite des raffineurs [3]. Enfin, à peu près à la même époque, M. Th. Graham publiait, dans les *Annales de Brewster*, un mémoire sur l'action du charbon sur les solutions salines. Le chimiste anglais s'assura que les sels de plomb, de cuivre, d'argent, d'antimoine, l'eau de chaux caustique, l'iode, l'oxide de zinc, les chlorures de potasse, de soude et de chaux, sont complètement précipités de leurs solutions et absorbés par le charbon, à la température ordinaire, en moins de 24 à 48 heures, et il trouva que cette action du charbon sur les sels et autres substances minérales, est due comme la propriété décolorante, au carbone pur [4].

J'ai répété les expériences des chimistes précédents en les variant et en les augmentant, et j'ai constaté que tous les genres de sels, que toutes les solutions minérales, à peu d'exception près, sont attaqués par le noir animal qui absorbe complètement les matières inorganiques, à froid, et sans qu'il soit nécessaire de faire intervenir la température de l'ébullition, pourvu, toutefois, qu'on emploie des quantités

---

[1] Dictionnaire technologique. T. v, p. 11.

[2] Art de fabriquer le sucre de betterave, note de la page 258.

[3] Agriculteur manufacturier. T. II, p. 209-218.

[4] Agriculteur manufacturier. T. II, p. 218.

convenables de noir et qu'on prolonge suffisamment la durée du contact. Si on agite les liquides avec le 1/12e seulement de leur poids de noir en grains, l'action absorbante n'est effectuée qu'au bout de 15 à 20 jours; elle est terminée en moins de huit jours, si on emploie 1/5 ou 1/4 de noir pour des liquides non saturés. Si on opère à la température de l'ébullition, la réaction est complète au bout de quelques heures. Dans aucun cas, le charbon végétal ne jouit de cette propriété, soit à chaud, soit à froid; il n'enlève que des traces des matières salines dissoutes dans les liquides, et alors même que la durée du contact est prolongée pendant des mois entiers.

Des faits consignés dans cette note, il ressort donc bien évidemment :

1° Que le charbon d'os enlève à l'eau devenue calcaire la chaux ou les sels de chaux qui la rendent impropre à la boisson;

2° Qu'il convient, par conséquent, de le substituer, dans tous les cas, au charbon de bois, pour approprier les eaux naturelles aux divers besoins de l'économie domestique;

3° Que les meilleures proportions à introduire dans une citerne récemment construite ou cimentée à neuf, sont de 10 à 12 kilogrammes par muid (4 kilogr. environ par hectolitre).

Il m'a semblé utile de porter à la connaissance des propriétaires et des agriculteurs cette nouvelle propriété du charbon animal, puisque, moyennant une très faible dépense, et sans aucun embarras, ils sont désormais assurés de pouvoir entretenir, pour ainsi dire indéfiniment, dans un état de pureté parfaite, l'eau de leurs réservoirs souterrains.

NOTICES

EXTRAITES

DU PRÉCIS ANALYTIQUE

DES TRAVAUX

De l'Académie royale des Sciences, Belles-Lettres
et Arts de Rouen.

EXAMEN

D'UN

CALCUL INTESTINAL

DE CHEVAL ;

Par M. J. GIRARDIN.

(Lu à l'Académie royale des Sciences de Rouen, le 6 mars 1840.)

Dans le courant de 1839, un meûnier de Varengeville perdit successivement cinq chevaux sans causes apparentes. On trouva, dans les intestins de ces animaux, des calculs volumineux et en très grand nombre ; c'est à leur présence qu'il faut sans doute rapporter la mort des chevaux. Dans le pays, où l'on croit encore aux influences mystérieuses et aux sortiléges, on est fermement convaincu que le meûnier a été victime d'un *sort* jeté sur ses bêtes par un ennemi.

M. Arsène Maille, naturaliste fort distingué, et dont les sciences déplorent la perte toute récente, ayant recueilli plusieurs des calculs, s'empressa de m'en remettre un, en me priant d'en faire l'analyse. Ce calcul avait été expulsé naturellement par le cheval un peu avant sa mort. Mon honorable ami m'apprit, en même temps, que le meûnier avait l'habitude, comme tous ses confrères, de nourrir ses chevaux avec du son, au moins en grande partie, et il me demandait si ce régime n'était pas sans quelque influence sur la production des calculs trouvés en si grand nombre dans le corps de ces animaux.

Je me rappelai aussitôt une note intéressante publiée en 1831, par M. Lassaigne, dans le *Journal de chimie médicale* (t. 7, p. 376), note dans laquelle ce chimiste émet l'opinion que l'usage du son et des recoupes donnés aux mulets de l'Alsace est la cause prédisposante des concrétions intestinales qui amènent la mort de beaucoup de ces animaux. M. Lassaigne appuie son opinion : 1° sur la nature chimique de ces concrétions, qui sont presque toutes formées de phosphate ammoniaco-magnésien ; 2° sur les expériences de M. Théodore de Saussure, qui démontrent que les phosphates sont bien plus abondants dans les semences des céréales que dans la paille et le foin. En effet, d'après l'analyse comparative de la paille et des grains de froment, faite par le chimiste génevois, on voit que, tandis que la première ne renferme que 11 pour cent de phosphates alcalins et terreux, les seconds en contiennent 76,5 pour cent (*Recherches sur la végétation.*)

Il était intéressant de corroborer l'opinion de M. Lassaigne par de nouveaux faits ; et, comme l'observation recueillie par M. Arsène Maille ne laissait aucun doute sur la nature du régime auquel avaient été soumis les chevaux du meûnier de Varengeville, j'ai cru devoir procéder à l'analyse du calcul qui m'avait été remis.

Ce calcul est triangulaire, à bords mousses et arrondis, et sa forme irrégulière, ainsi que l'usure de ses faces et de ses arêtes, indiquent assez qu'il n'était pas seul dans les intestins du cheval. Son volume est celui d'une grosse pomme. Il a été cassé en deux, et, dans son centre, il existe un noyau plus gros qu'une aveline, de même apparence et de même couleur que le reste du calcul. Ce noyau offre, dans son intérieur, un petit fragment aplati, blanc et cristallisé de carbonate de chaux. Tel qu'il m'a été remis, le calcul pèse 311 grammes. Il devait peser davantage, car, par sa fracture, il a été ébréché en plusieurs endroits.

A l'extérieur, il a une couleur d'un blond foncé; sa surface est très lisse. A l'intérieur, il a une texture cristalline et une couleur d'un jaune brun. On n'y aperçoit point de couches concentriques. Les lamelles cristallines sont toutes disposées en rayons divergents, du centre à la circonférence.

Il est assez tendre; le couteau l'entame. Sa poussière est d'un jaune isabelle. Sa densité est de 1,741.

Il ne fait point effervescence avec les acides.

Trituré avec la potasse caustique, il répand une odeur très vive d'ammoniaque.

Chauffé dans un creuset de platine, il blanchit d'abord à la surface, puis noircit et exhale une odeur de matière animale. Au chalumeau, il noircit, puis blanchit sans présenter d'apparence de fusion.

L'acide sulfurique concentré le dissout au bout de plusieurs heures, sans résidu; seulement, il nage, au milieu de l'acide légèrement coloré en jaune, des flocons d'un brun rouge qui sont la matière animale qui servait de ciment aux sels terreux du calcul.

Il se dissout dans l'acide azotique, qui se colore faiblement en jaune rougeâtre; il reste indissous quelques flocons de matière animale. La dissolution, évaporée à siccité, donne un résidu jaune et gélatineux.

Il se dissout dans l'acide chlorhydrique, qui se colore en brun; il y a encore un léger résidu de matière animale.

Il se dissout dans l'acide acétique à 5°; il reste une matière jaunâtre organique. La liqueur acide, neutralisée par le carbonate d'ammoniaque, donne un précipité grenu qui offre, à la loupe, de fort jolis petits cristaux de phosphate ammoniaco-magnésien.

Chauffé dans une fiole avec un peu d'acide chlorhydrique, il fournit une sublimation de sel ammoniac en aiguilles dans le col du vase.

L'eau froide, mise en contact avec la poudre de ce calcul, à plusieurs reprises, lui enlève 6,6 pour cent de son poids de substances solubles. La liqueur est alcaline; elle se trouble légèrement par la chaleur;

L'acide tannique y produit un trouble très sensible;

Le phosphate de soude ammoniacal, un précipité blanc gélatineux, abondant;

L'ammoniaque, un précipité blanc également très abondant;

L'azotate d'argent, un précipité blanc en partie soluble dans l'ammoniaque;

Le chlorure de barium, un précipité blanc que l'acide azotique ne redissout qu'en partie;

L'oxalate d'ammoniaque, un trouble léger.

L'acide perchlorique et le chlorure de platine ne font naître aucun trouble dans la liqueur concentrée.

La poudre du calcul, épuisée par l'eau, a été soumise à l'action de l'alcool à 33°, qui a enlevé 4 pour cent de substances solubles. La liqueur alcoolique s'est colorée en jaune brun, par la concentration; le résidu, traité par l'eau, a laissé une matière grasse indissoute, et la solution donnait un léger trouble par l'ammoniaque, par l'oxalate d'ammoniaque, par les sels de baryte; le trouble causé par ces derniers ne se redissolvait pas dans l'acide azotique. Cette même solution était fortement précipitée par le phosphate de soude ammoniacal et par l'azotate d'argent; le précipité formé par ce dernier réactif, était entièrement soluble dans l'ammoniaque.

L'éther enlève au calcul, épuisé par l'alcool, 7 pour cent de matière grasse.

L'eau bouillante se charge d'une matière organique azotée, d'un peu de sel marin, et de phosphate ammoniaco-magnésien.

Réduit en poudre fine et exposé à une chaleur de 100°, le calcul exhale d'abondantes vapeurs ammoniacales; même à la température de + 40°, il abandonne de l'eau et de l'ammoniaque, et se décolore complètement. Ce dégagement d'ammoniaque provient de ce qu'aux plus basses températures, le phosphate ammoniaco-magnésien se décompose, et perd la plus grande partie de sa base volatile; comme je m'en suis assuré directement en opérant sur du sel pur préparé à dessein. Ce fait intéressant n'avait pas encore été indiqué. Il est commun à tous les autres sels ammoniacaux; aussi devra-t-on y avoir égard quand il s'agira de déterminer leur proportion d'eau d'interposition et de cristallisation.

En raison de cette circonstance, j'ai été obligé de dessécher le calcul sous le vide de la machine pneumatique. Il a perdu, dans ce cas, 14 pour cent de son poids.

Voici, en définitive, la composition de ce calcul sur 100 parties :

Eau d'interposition.	14,00
Phosphate ammoniaco-magnésien	48,00
Phosphate de chaux	19,00
Matière animale coagulée, insoluble dans les acides et dans l'eau.	0,80
Matière soluble dans l'eau, consistant en albuminate de soude, sel marin, sulfates alcalins, sels de chaux et de magnésie.	6,60
A reporter	88,40

Report	88,40
Matières extractives solubles dans l'alcool, avec sel marin, sels de magnésie et matière grasse	4,00
Matière grasse soluble dans l'éther.	7,00
Perte	0,60
	100,00

La composition chimique de ce calcul intestinal, indique assez la cause de sa formation; celle-ci réside bien certainement dans la nature des aliments donnés aux chevaux du meûnier de Varengeville. La conséquence de cette observation pour la pratique, c'est qu'il faut éviter de nourrir exclusivement les animaux avec du son et des recoupes, et en général avec les diverses substances qui renferment une grande proportion de phosphates terreux.

NOTE

SUR

DE NOUVELLES APPLICATIONS

DE LA

TERRE A PORCELAINE,

Par M. J. GIRARDIN.

Lue à l'Académie royale des sciences de Rouen,
Le 22 mai 1840.

J'ai déjà fait connaître, par une note insérée dans les *Bulletins de la Société libre d'émulation*, en 1837, qu'en Angleterre, on est maintenant dans l'habitude d'ajouter aux savons ordinaires, des matières terreuses, soit argile, soit silice pure, pour augmenter leur poids. Cette fraude est pratiquée ouvertement, puisque, dans certaines boutiques de Londres, on voit affiché du *silica soap*, c'est-à-dire du *savon de silex*.

Un propriétaire de mines du comté de Cornouailles, M. Iago, m'a envoyé tout récemment des échantillons d'une *terre à porcelaine*, qui sert actuellement à l'usage frauduleux dont je viens de parler. Si telle devait être aussi, en France, l'unique destination de cette substance minérale, je me garderais bien d'appeler sur elle l'attention des industriels, dans la crainte qu'on ne voulût imiter les coupables pratiques des savonniers anglais. Mais un emploi plus important, et surtout plus honnête, de cette espèce d'argile, le seul que je veux voir adopter chez nous, c'est de servir à confectionner les mélanges avec lesquels on donne, en Angleterre, l'apprêt aux calicots et aux tissus de fil. C'est sous ce point de vue que je crois utile de présenter à l'Académie quelques renseignements.

Les apprêts que l'on donne aux tissus sont destinés à leur procurer assez de corps pour qu'ils ne prennent pas aussi facilement, que cela leur arriverait dans leur état naturel, des plis qui détruiraient bientôt leur éclat et leur fraîcheur; et, dans un très grand nombre de cas, ces apprêts doivent même communiquer aux tissus une raideur qu'ils conservent pendant toute leur existence. La nature de ces apprêts varie nécessairement avec celle des étoffes. Pour les calicots, les toiles de coton, les tissus de chanvre et de lin, on passe les pièces dans de l'eau amidonnée, ou dans une espèce d'empois plus ou moins consistant, coloré par de l'azur ou de l'indigo. On soumet ensuite les pièces, amidonnées et séchées, à l'opération du *calandrage*, qui a pour effet de les lustrer, de leur donner une surface unie, presque polie et glacée.

Pour rendre les toiles plus fermes, moins perméables à l'eau, on introduit fort souvent, dans les apprêts, du savon, des résines, de la cire, parfois des substances terreuses blanches, telles que carbonate de chaux ou craie, sulfate de chaux ou plâtre, sulfate de baryte. Les matières pulvérulentes et très fines ont cet avantage qu'elles s'introduisent dans les pores des tissus, les bouchent, et, par conséquent, leur font acquérir une plus belle apparence et plus de fermeté.

Les apprêteurs anglais emploient, depuis un certain temps, pour remplir ces indications, la terre argileuse dite *terre à porcelaine*, et comme cette argile est excessivement fine, douce et onctueuse au toucher, qu'elle est susceptible de prendre un certain poli par la pression, il en résulte que leurs toiles et calicots apprêtés ont une apparence beaucoup plus belle, et sont bien plus estimés que les mêmes tissus apprêtés chez nous.

Il est donc intéressant d'attirer l'attention des blanchisseurs et apprêteurs français sur cette terre à porcelaine, que M. Iago peut expédier en fort grande quantité et à un prix très peu élevé, puisque c'est leur fournir les moyens de mieux confectionner leurs apprêts, et de rivaliser, en ce genre, avec nos habiles voisins.

La terre dont je parle est le *kaolin*, qui sert depuis longues années à la fabrication de la porcelaine. Ce kaolin provient de la décomposition du felspath, ou plutôt des roches primitives, composées de felspath, de quarz et de mica, tels que les granites, les gneis, les pegmatites; aussi le trouve-t-on dans les carrières, mêlé avec ces roches réduites par la désagrégation à l'état de sable. Il existe de vastes dépôts de ce felspath décomposé, en Chine, en Saxe, en Russie, en Angleterre et en France, notamment à Saint-Yriex, dans la Haute-Vienne. Dans le comté de Cornouailles, à Saint-Austell, où habite M. Iago, il y en a un dépôt considérable, au sein du granite qui abonde dans cette contrée de l'Angleterre. Voici la disposition des couches de ce dépôt.

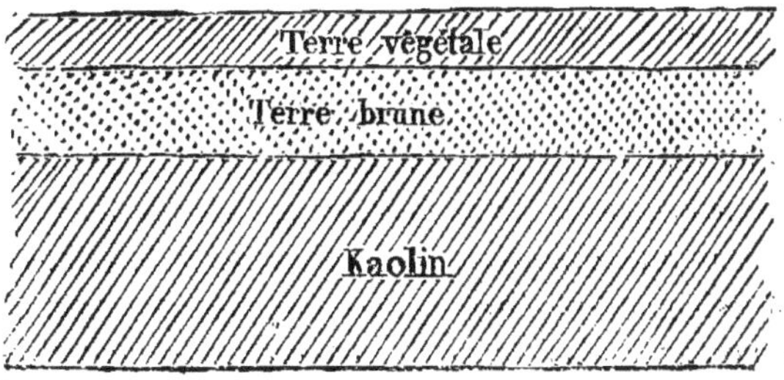

Terre végétale

Terre brune

Kaolin

Je mets sous les yeux de l'Académie : 1° un échantillon de granite de Saint-Austell ; 2° un échantillon de ce même granite, décomposé et converti en kaolin ou terre à porcelaine.

Ce kaolin a la composition suivante :

Alumine.	52
Silice.	41
Potasse.	5
Oxide de manganèse.	2
	100

Il est beaucoup plus riche en alumine que les autres espèces de kaolin de France et de Saxe, qui ont été analysées ; il renferme aussi plus de potasse, et, au lieu d'oxide de fer, il contient de l'oxide de manganèse en proportions notables. Il offre donc une composition distincte.

Voici comment, chez M. Iago, on traite le kaolin, pour le convertir en terre propre à la vente.

On extrait de la carrière une certaine quantité de kaolin, et on l'arrose dans une fosse avec un faible courant d'eau, pendant que des hommes sont employés à agiter la matière pour favoriser sa désagrégation, et la réduire en petites particules que l'eau tient en suspension. Quand l'eau a pris l'apparence du lait, on la laisse reposer pour qu'elle abandonne le sable le plus lourd (dont voici un échantillon), puis on la fait écouler dans un réservoir où elle dépose un sable plus fin et très blanc, qu'on appelle improprement *mica* dans le pays. En voici un échantillon. Quand le départ de ce sable est opéré, on fait couler dans un nouveau réservoir l'eau qui retient en suspension les particules terreuses les plus fines qui se précipitent avec le temps. Le dépôt est alors la *terre à porcelaine* proprement dite. Quand on en a ainsi recueilli une suffisante quantité, on la remet en suspension, puis on la fait couler dans un vase très large et peu profond, où elle reste quatre à cinq mois, pour acquérir une consistance telle qu'on puisse la couper en blocs carrés, que l'on fait sécher au soleil. On gratte leurs surfaces extérieures, pour en séparer les impuretés, et on les livre au commerce. Voici un échantillon de cette terre préparée, telle qu'elle sort de l'usine de M. Iago, et telle qu'il la vend aux savonniers et aux apprêteurs.

Le sable fin, nommé *mica*, qui se dépose en dernier lieu, pendant la lévigation du kaolin, commence à être employé à la fabrication du verre ; mais, auparavant, on le prive, par des lavages, de l'alumine qu'il contient, car, sans cela, le verre qu'il fournirait ne serait pas transparent. Voici sa composition avant les lavages :

Alumine	22
Silice	47
Potasse	14
Oxide de fer	15
— de manganèse	2
	100

M. Iago vient d'expédier à Rouen un bâtiment chargé de sa terre à porcelaine. Plusieurs de nos blanchisseurs et apprêteurs, avec lesquels j'avais mis M. Iago en rapport, lors de son passage en notre ville, il y a quelques mois, vont essayer l'usage de cette terre, et il est bien probable que notre industrie, riche de cette matière première, pourra imiter dorénavant les admirables apprêts de nos voisins.

INDUSTRIE NORMANDE.

ESSAI

SUR LES

RÉCOMPENSES OBTENUES

PAR DES INDUSTRIELS DE LA NORMANDIE

Aux Expositions des Produits de l'Industrie, depuis la création de ces solennités,

Par MM. J. GIRARDIN et BALLIN.

Lu à l'Académie Royale de Rouen,

DANS SA SÉANCE DU 17 JUILLET 1840.

La Normandie a toujours tenu une place honorable dans l'histoire, tant par la haute intelligence de quelques-uns de ses glorieux enfants, que par cet esprit de sagesse répandu parmi ses indigènes, qui lui a valu le nom de *pays de sapience.* De nos jours encore, où le progrès des lumières et des relations plus fréquentes entre les habitants de diverses contrées, tendent à faire disparaître les nuances de localité, il ne serait sans doute pas difficile d'établir que cette ancienne province conserve le rang distingué qu'elle s'est acquis depuis si long-temps; et que l'une de ses fractions administratives, le département de la Seine-Inférieure entr'autres, peut être surtout comparé sans désavantage, sous quelque rapport que ce soit, aux trois ou quatre principaux départements du royaume.

Nous ne voulons nous occuper, en ce moment, de la Normandie, que sous le point de vue de l'*industrie*, qui, depuis le milieu du siècle dernier, y a pris un développement prodigieux. L'examen des causes qui ont amené ce résultat, pourrait donner naissance à un ouvrage d'un grand intérêt; mais nous n'essaierons pas même d'en tracer l'esquisse: plus modestes, nous nous bornerons, quant à présent, à rassembler des matériaux et des documents qui pourront servir un jour à rédiger l'histoire scientifique et industrielle de notre belle province. Parmi les faits qui peuvent, jusqu'à un certain point, donner une idée exacte de la prospérité de son industrie, il en est deux surtout qui méritent d'être pris en grande considération, à savoir: le nombre des récompenses qu'ont obtenues ses manufacturiers et ses artistes aux diverses expositions des produits de l'industrie française, et le nombre des brevets d'invention, de perfectionnement et d'importation, pris chaque année par les industriels. Il nous a semblé qu'en établissant un point de comparaison entre le nombre des récompenses et des brevets concédés à des Normands, et le nombre de ceux qui ont été délivrés dans le reste de la France, il serait plus facile que par tout autre moyen, de faire apprécier la marche incessamment progressive de la Normandie, dans la carrière des sciences et de l'industrie, et de mieux faire ressortir, sous ce rapport, sa supériorité sur les autres régions de la France.

C'est là le travail statistique que nous avons entrepris; c'est, comme on le voit, un chapitre curieux du livre sur l'*industrie*, compris dans le grand ouvrage statistique que l'Académie de Rouen a eu la pensée de faire exécuter pour le département de la Seine-Inférieure. Toutefois, en raison des innombrables recherches que nécessite un pareil travail, nous n'avons pu mener jusqu'ici à bonne fin que la partie qui concerne les récompenses délivrées par le jury des expositions des produits de l'industrie. C'est cette partie que nous plaçons aujourd'hui sous les yeux de l'Académie; plus tard nous complèterons ces renseignements statistiques par tout ce qui a trait aux brevets d'invention.

Depuis 42 ans, neuf expositions des produits de l'industrie française ont eu lieu; l'honneur de la création de ces solennités industrielles est dû au ministre François de Neufchâteau, qui eut l'heureuse idée de faire paraître, dans une fête nationale, donnée au Champ-de-Mars, à la fin de l'an VI (1798), les ouvrages les plus remarquables qui étaient confectionnés à Paris et dans les contrées les plus voisines de la capitale. Voici le tableau chronologique des expositions, depuis l'origine de l'institution.

Tableau des résultats des neuf Expositions des Produits de l'industrie française, qui ont eu lieu à Paris, de 1798 à 1839.

Années et nombre total des exposants	Départements	Détail des distinctions décernées — Médailles d'or M.	d'or R.	d'argent M.	d'argent R.	de bronze M.	de bronze R.	Mentions honorables	Citations	Décorations	Total des distinctions	Nombres proportionnels au total général par chaque catégorie — Médailles d'or M.	d'or R.	d'argent M.	d'argent R.	de bronze M.	de bronze R.	Mentions honorables	Citations	Décorations	Nombres proportionnels au total général	Observations
1re An VI 3e complémentaire 1798 19 septembre	Seine Inférieure	.	.	.	.	.	.	.	.	.	.	.	.	.	.	.	.	.	.	.	.	Cette première exposition n'ayant été décidée que quelques jours avant son ouverture n'a guère compté que des industriels parisiens et encore en très petit nombre, aussi ne doit-elle être considérée que comme un essai et nous n'en avons point tenu compte dans les comparaisons que nous avons établies sur les suivantes.
	Calvados	.	.	.	.	.	.	.	.	.	.	.	.	.	.	.	.	.	.	.	.	
	Eure	.	.	2	.	.	.	.	.	.	2	.	.	.	.	.	.	.	.	.	.	
	Orne	.	.	.	.	.	.	.	.	.	.	.	.	.	.	.	.	.	.	.	.	
	Manche	.	.	.	.	.	.	.	.	.	.	.	.	.	.	.	.	.	.	.	.	
110.	Totaux pour l'ancienne province de Normandie	.	.	2	.	.	.	.	.	.	2	.	.	.	.	.	.	.	.	.	.	
	Seine	7	.	11	.	.	.	3	.	.	28	.	.	.	.	.	.	.	.	.	.	
	Autres	5	.		.	.	.	.	.	.		.	.	.	.	.	.	.	.	.	.	
	Totaux généraux	12	.	13	.	.	.	5	.	.	30	.	.	.	.	.	.	.	.	.	.	
2e An IX 3e complémentaire 1801 19 septembre	Seine Inférieure	1	.	3	.	1	.	2	.	.	7	0,083	.	0,15	.	0,033	.	0,066	.	.	0,058	
	Calvados	.	.	.	.	.	.	.	.	.	.	.	.	.	.	.	.	.	.	.	.	
	Eure	1	.	2	1	1	.	3	.	.	8	0,083	.	0,1	0,125	0,033	.	0,068	.	.	0,066	
	Orne	.	.	.	.	.	.	.	.	.	.	.	.	.	.	.	.	.	.	.	.	
	Manche	.	.	.	.	.	.	.	.	.	.	.	.	.	.	.	.	.	.	.	.	
220.	Totaux pour l'ancienne province de Normandie	2	.	5	1	2	.	5	.	.	15	0,166	.	0,25	0,125	0,066	.	0,114	.	.	0,124	
	Seine	5	6	8	6	17	.	18	.	.	60	0,417	0,857	0,4	0,75	0,567	.	0,409	.	.	0,496	
	Autres	5	1	7	1	11	.	21	.	.	46	0,417	0,143	0,35	0,125	0,367	.	0,477	.	.	0,38	
	Totaux généraux	12	7	20	8	30	.	44	.	.	121	1,000	1,000	1,00	1,000	1,000	.	1,000	.	.	1,000	
3e An X 1er complémentaire 1802 18 septembre	Seine Inférieure	2	1	2	.	4	.	8	.	.	17	0,1	0,077	0,065	.	0,093	.	0,08	.	.	0,07	
	Calvados	.	.	.	.	.	.	.	.	.	.	.	.	.	.	.	.	.	.	.	.	
	Eure	.	.	1	1	.	.	3	.	.	5	.	.	0,032	0,083	.	.	0,03	.	.	0,02	
	Orne	.	.	1	.	.	.	.	.	.	1	.	.	0,032	.	.	.	.	.	.	.	
	Manche	.	.	.	.	.	.	2	.	.	2	.	.	.	.	.	.	0,02	.	.	0,01	
540.	Totaux pour l'ancienne province de Normandie	2	1	4	1	4	.	13	.	.	25	0,1	0,077	0,129	0,083	0,093	.	0,124	.	.	0,109	
	Seine	10	7	14	6	11	5	23	.	.	76	0,5	0,539	0,451	0,5	0,256	1	0,219	.	.	0,332	
	Autres	8	5	13	5	28	.	69	.	.	122	0,4	0,384	0,42	0,417	0,651	.	0,657	.	.	0,559	
	Totaux généraux	20	13	31	12	43	5	105	.	.	229	1,0	1,000	1,000	1,000	1,000	1	1,000	.	.	1,000	
4e 1806 25 septembre	Seine Inférieure	2	3	3	1	1	.	16	.	.	27	0,042	0,111	0,02	0,083	0,083	.	0,042	.	.	0,04	A cette exposition les médailles de bronze furent en partie remplacées par des médailles d'argent de 2e classe qui ont été comprises dans le tableau comme médailles d'argent sans distinction.
	Calvados	.	.	.	.	.	.	9	2	.	11	.	.	.	.	.	.	0,023	0,036	.	0,016	
	Eure	1	1	4	3	.	.	22	.	.	31	0,021	0,111	0,027	0,25	.	.	0,057	.	.	0,045	
	Orne	.	.	4	.	.	.	2	1	.	7	.	.	0,027	.	.	.	0,005	0,018	.	0,01	
	Manche	.	.	.	.	.	.	7	3	.	10	.	.	.	.	.	.	0,018	0,053	.	0,013	
1422.	Totaux pour l'ancienne province de Normandie	3	3	15	4	1	.	56	6	.	86	0,063	0,333	0,1	0,333	0,083	.	0,146	0,107	.	0,126	
	Seine	24	2	61	.	1	3	57	15	.	163	0,511	0,222	0,407	.	0,083	0,2	0,149	0,268	.	0,24	
	Autres	20	4	76	8	10	12	269	35	.	434	0,426	0,445	0,506	0,667	0,833	0,8	0,705	0,625	.	0,634	
	Totaux généraux	47	9	150	12	12	15	382	56	.	683	1,000	1,000	1,000	1,000	1,000	1,0	1,000	1,000	.	1,000	
5e 1819 25 août	Seine Inférieure	3	.	2	.	12	.	17	16	1	52	0,043	.	0,011	.	0,126	.	0,05	0,107	0,037	0,062	Il a de plus été distribué des secours en argent, de chacun 300f, à quatre ouvriers ou contremaîtres, dont un de l'Orne, et les autres de divers départements. Une pension a en outre été demandée par le jury en faveur d'un mécanicien chimiste du Doubs.
	Calvados	.	.	3	.	7	.	3	15	.	28	.	.	0,016	.	0,049	.	0,009	0,1	.	0,03	
	Eure	4	.	3	.	.	.	6	4	.	19	0,058	.	0,017	.	.	.	0,017	0,027	.	0,02	
	Orne	1	.	.	.	.	.	4	8	.	13	0,011	.	.	.	.	.	0,012	0,053	.	0,014	
	Manche	.	.	1	.	2	.	5	11	.	19	.	.	0,005	.	0,014	.	0,014	0,073	.	0,02	
1662.	Totaux pour l'ancienne province de Normandie	9	.	17	.	27	.	35	48	1	137	0,101	.	0,092	.	0,189	.	0,102	0,320	0,037	0,146	
	Seine	28	.	80	.	41	.	92	21	8	270	0,315	.	0,437	.	0,287	.	0,27	0,14	0,296	0,29	
	Autres	52	.	86	.	75	.	215	81	18	527	0,584	.	0,47	.	0,524	.	0,628	0,54	0,667	0,564	
	Totaux généraux	89	.	183	.	143	.	342	150	27	934	1,000	.	1,000	.	1,000	.	1,000	1,000	1,000	1,000	
6e 1823 25 août	Seine Inférieure	4	.	4	2	8	2	17	4	.	41	0,05	.	0,033	0,03	0,03	0,07	0,05	0,02	.	0,034	Une médaille d'or méritée par un membre du jury ne lui a point été décernée.
	Calvados	1	.	2	1	.	3	8	8	.	23	0,013	.	0,012	0,02	.	0,11	0,02	0,04	.	0,02	
	Eure	4	3	2	1	2	.	8	1	.	22	0,05	0,07	0,012	0,02	0,01	.	0,02	0,01	.	0,019	
	Eure	.	1	3	3	3	.	1	1	.	11	.	0,023	0,018	0,03	0,01	.	.	.	.	0,009	
	Orne	.	.	1	1	1	.	1	2	.	6	.	.	0,006	0,02	.	.	.	0,01	.	0,004	
	Manche	.	.	.	.	.	.	.	.	.	.	.	.	.	.	.	.	.	.	.	.	
1648.	Totaux pour l'ancienne province de Normandie	9	4	12	7	13	5	35	17	.	103	0,113	0,093	0,075	0,12	0,05	0,15	0,09	0,09	.	0,086	
	Seine	24	14	65	26	123	10	136	69	.	467	0,3	0,326	0,404	0,44	0,48	0,37	0,37	0,37	.	0,394	
	Autres	47	25	84	26	121	12	200	101	.	616	0,587	0,581	0,521	0,44	0,47	0,45	0,54	0,54	.	0,52	
	Totaux généraux	80	43	161	59	258	27	371	187	.	1186	1000	1000	1000	1,00	1,00	1,00	1,00	1,00	.	1,000	
7e 1827 1er août	Seine Inférieure	4	1	5	3	7	.	3	5	.	28	0,05	0,015	0,03	0,036	0,03	.	0,007	0,024	.	0,021	2 médailles d'or n'ont point été décernées pour cause de manque de formalités.
	Calvados	1	1	1	.	5	.	3	3	.	14	0,02	0,015	0,005	.	0,02	.	0,007	0,014	.	0,01	
	Eure	.	3	4	.	2	.	3	10	.	22	.	0,036	0,025	.	0,01	.	0,007	0,048	.	0,016	
	Orne	2	1	1	.	3	.	3	.	.	10	0,04	0,015	0,005	.	0,013	.	0,007	.	.	0,008	
	Manche	.	.	1	.	3	.	4	4	.	12	.	.	0,005	.	0,013	.	0,008	0,019	.	0,009	
1795.	Totaux pour l'ancienne province de Normandie	7	6	12	3	20	.	16	22	.	86	0,14	0,091	0,070	0,036	0,08	.	0,04	0,105	.	0,066	
	Seine	18	26	79	41	120	39	231	105	.	663	0,36	0,303	0,465	0,476	0,515	0,58	0,53	0,5	.	0,496	
	Autres	25	26	79	42	93	33	188	83	.	588	0,56	0,606	0,465	0,489	0,41	0,42	0,43	0,395	.	0,440	
	Totaux généraux	50	66	170	86	233	72	435	210	.	1337	1,00	1,000	1,000	1,000	1,000	1,00	1,00	1,000	.	1,000	
8e 1834 1er mai	Seine Inférieure	3	1	14	4	10	.	14	9	2	39	0,061	0,012	0,052	0,035	0,025	.	0,027	0,028	0,072	0,031	Divers modèles de machines ont obtenu l'honneur du dépôt au conservatoire des arts et métiers, savoir: 3 pour la Seine-Infre, 4 pour l'Eure, 19 pour Paris et 4 pour d'autres départements, ensemble 27.
	Calvados	.	1	1	.	5	1	5	3	.	12	.	0,012	0,003	.	0,013	0,013	0,009	0,010	.	0,01	
	Eure	1	5	8	5	6	1	10	3	.	39	0,012	0,058	0,03	0,044	0,015	0,013	0,019	0,01	.	0,02	
	Orne	.	1	4	1	1	.	2	.	1	10	.	0,012	0,015	0,009	0,003	.	0,004	.	0,036	0,005	
	Manche	.	.	.	1	1	2	5	2	.	11	.	.	.	0,009	0,003	0,025	0,009	0,006	.	0,006	
2447.	Totaux pour l'ancienne province de Normandie	6	8	27	11	23	4	36	19	3	137	0,074	0,094	0,100	0,097	0,058	0,050	0,065	0,060	0,108	0,072	
	Seine	26	27	113	65	129	47	281	164	11	913	0,321	0,313	0,38	0,57	0,33	0,6	0,536	0,520	0,392	0,483	
	Autres	49	51	131	38	182	27	208	132	14	842	0,605	0,593	0,52	0,333	0,462	0,35	0,396	0,420	0,500	0,445	
	Totaux généraux	81	86	271	114	394	78	525	315	28	1,892	1000	1,00	1,00	1,000	1000	1000	1,000	1,000	1,000	1,000	
9e 1839 1er mai	Seine Inférieure	4	8	20	9	20	2	21	6	3	93	0,04	0,075	0,061	0,062	0,044	0,017	0,033	0,016	0,111	0,040	Il a été fait à cette exposition, pour la première fois, des rappels de mentions honorables que nous n'avons pas cru devoir faire entrer dans nos colonnes. Il y en a eu pour la Manche … 1; Pour la Seine … 14; Pour les autres départements … 12; Ensemble … 27.
	Calvados	.	1	2	.	3	2	8	.	.	16	.	0,009	0,006	.	0,006	0,017	0,013	.	.	0,007	
	Eure	3	3	9	1	1	2	1	4	2	26	0,03	0,028	0,027	0,007	0,002	0,017	0,001	0,010	0,074	0,012	
	Orne	1	2	2	1	.	.	.	1	.	7	0,01	0,018	0,006	0,007	.	.	.	0,003	.	0,003	
	Manche	.	.	1	.	1	2	2	3	.	9	.	.	0,003	.	0,002	0,017	0,003	0,008	.	0,004	
3381.	Totaux pour l'ancienne province de Normandie	8	14	34	11	25	8	32	14	5	151	0,08	0,130	0,103	0,076	0,055	0,068	0,050	0,037	0,185	0,066	
	Seine	41	33	137	70	264	67	352	228	8	1,200	0,41	0,310	0,424	0,486	0,575	0,572	0,560	0,615	0,30	0,528	
	Autres	51	59	153	63	170	42	243	129	14	924	0,51	0,560	0,473	0,438	0,371	0,360	0,390	0,348	0,515	0,406	
	Totaux généraux	100	106	324	144	459	117	627	371	27	2,275	1,00	1,000	1,00	1,000	1,000	1,000	1,000	1,000	1,000	1,000	
Récapitulation des huit dernières Expositions	Seine Inférieure	26	13	61	19	69	4	98	34	6*	330	0,054	0,039	0,05	0,04	0,045	0,012	0,035	0,026	0,073	0,038	* Il n'a été distribué de décorations qu'à trois expositions: la 5e, la 8e et la 9e. (1) Il pourrait paraître singulier qu'il y eût plus de rappels de médailles qu'il n'y en a eu de distribuées: cela vient de ce que la même médaille peut être rappelée à plusieurs expositions successives.
	Calvados	2	(1) 3	9	1	30	6	36	33	.	110	0,004	0,009	0,007	0,002	0,013	0,018	0,013	0,026	.	0,013	
	Eure	14	13	33	12	12	3	56	23	2	172	0,029	0,046	0,027	0,028	0,008	0,009	0,020	0,018	0,024	0,020	
	Orne	4	5	13	4	7	.	19	11	1	59	0,008	0,015	0,011	0,009	0,004	.	0,004	0,009	0,012	0,007	
	Manche	.	.	4	2	8	4	26	25	.	69	.	.	0,003	0,005	0,005	0,012	0,009	0,019	.	0,008	
13,225.	Totaux pour l'ancienne province de Normandie	46	34	114	38	116	17	228	126	9	740	0,095	0,109	0,095	0,088	0,074	0,051	0,081	0,098	0,109	0,086	
	Seine	176	109	547	214	766	181	1190	602	27	3,819	0,368	0,330	0,418	0,493	0,487	0,55	0,420	0,46	0,330	0,450	
	Autres	257	183	659	183	690	131	1,513	561	56	4,105	0,537	0,561	0,487	0,420	0,439	0,399	0,499	0,435	0,561	0,474	
	Totaux généraux	479	330	1310	435	1572	329	2,931	1,289	82	8,657	1000	1000	1000	1000	1000	1000	1000	1000	1,000	1,000	

Précis analytique des travaux de l'Académie Royale de Rouen, 1840, p. 332.

NUMÉROS d'ordre.	ANNÉES.	OUVERTURE.	CLÔTURE.	MINISTRES qui ont dirigé les Expositions.	RAPPORTEURS du Jury.	LIEUX des Expositions à Paris.
1ère	An VI (1798).	3e complémentaire. 19 septembre.	5e complémentaire 21 septembre.	François de Neufchâteau.	Chaptal.	Le Champ-de-Mars.
2e	An IX (1801).	2e complémentaire. 19 septembre.	2 vendémiaire an X 24 septembre.	Chaptal.	Costaz.	Palais des Sciences et des Arts.
3e	An X (1802).	1er complémentaire. 18 septembre.	2 vendémiaire an XI 24 septembre.	Chaptal.	Costaz.	Le Louvre.
4e	1806.	25 septembre.	19 octobre.	De Champagny.	Costaz.	Place des Invalides.
5e	1819.	25 août.	30 septembre.	De Cazes.	Costaz.	Le Louvre.
6e	1823.	25 août.	15 octobre.	De Corbière.	Héricart de Thury et Migneron.	Le Louvre.
7e	1827.	1er août.	2 octobre.	De Corbière.	Héricart de Thury et Migneron.	Le Louvre.
8e	1834.	1er mai.	1er juillet.	Thiers.	Charles Dupin.	Pl. de la Concorde.
9e	1839.	1er mai.	28 juillet.	Martin (du Nord.)	Des rapporteurs spéciaux pour chaque nature d'industrie; point de rapporteur général.	Grand carré des Champs-Élysées.

La 1re exposition, de 1798, annoncée seulement quelques jours avant son ouverture, ne réunit qu'un petit nombre d'exposants, la plupart de Paris; aussi ne la considérons-nous que comme un simple essai, et ne la faisons-nous point entrer dans les comparaisons que nous avons établies sur les suivantes. Nous remarquons, toutefois, que, dès cette époque, la Normandie y fut représentée d'une manière honorable; car, outre deux médailles d'argent accordées au département de l'Eure, le Jury signala à l'attention du ministre des coutils et des cuirs de Pont-Audemer.

Dès la 2e exposition, la Normandie obtint deux médailles d'or, sur douze, et cinq médailles d'argent, sur vingt distribuées.

L'ordre de la Légion d'honneur n'existait point lors des trois premières expositions; et, quoiqu'il fût institué avant celle de 1806, l'Empereur ne crut devoir en accorder la décoration à aucun industriel à cette occasion; il n'en fut décerné qu'aux expositions de 1819, 1834 et 1839, et la Normandie y a pris une part assez large. Le département de la Seine-Inférieure, en particulier, en a obtenu six, qui ont été décernées, savoir :

A la 5e Exposition,

A MM. Vitalis, professeur de chimie, à Rouen.

A la 8e Exposition,

Fauquet-Lemaitre, filateur de coton, à Bolbec;

Flavigny (Robert), fabricant de drap, à Elbeuf.

A la 9e Exposition,

Chefdrue, fabricant de drap, à Elbeuf;

Perrot, ingénieur civil, mécanicien à Rouen;

Pons de Paul, directeur de la manufacture d'horlogerie de Saint-Nicolas-d'Aliermont, près Dieppe.

Quant aux autres récompenses, nous en avons formé un tableau extrait du rapport des Jurys, publié par ordre du gouvernement, et nous y avons consigné, outre les nombres effectifs, les nombres proportionnels à la totalité de chaque catégorie de récompense. Ce tableau présente les résultats afférents à chacun des cinq départements de la Normandie, puis à la Normandie entière, au département de la Seine en particulier, et enfin aux quatre-vingts autres départements, pris en masse.

Nous avons terminé ce tableau par une récapitulation qui embrasse les résultats des huit dernières expositions, et dont voici le résumé, exprimé en nombres proportionnels à mille.

Départements		Médailles			Mentions honorables.	Citations.	Décorations.
Nombre.	Désignation.	d'or.	d'argent.	de bronze.			
1	Seine.	368	418	487	420	467	330
5	Normandie.	95	95	74	81	98	109
80	Autres.	537	487	439	499	435	561
Proportion pour un de ces derniers départements.......		6,9	6,1	5,5	6,2	5,4	7
Proportion pour la Seine-Inférieure .		54	47	44	35	26	73

Il s'ensuit, en définitive, que le département de la Seine-Inférieure a obtenu près de huit fois autant de médailles, près de six fois autant de mentions honorables, près de cinq fois autant de citations, et plus de dix fois autant de décorations que le terme moyen des quatre-vingts autres départements, pris en masse, en laissant toujours de côté le département de la Seine, qui se trouve dans une position tout exceptionnelle.

Certes, de pareils résultats sont bien faits pour flatter l'orgueil national, pour soutenir le courage de nos compatriotes, et les exciter à tenter de nouveaux efforts, afin d'illustrer de plus en plus le sol qui les a vus naître.

NOTICES NÉCROLOGIQUES,

RÉDIGÉES

Par M. J. GIRARDIN,

Et insérées dans le Précis des travaux de l'Académie de Rouen, pour 1840.

NOTICES NÉCROLOGIQUES.

M. ROBIQUET.

Il y a six mois à peine que l'Académie s'empressait d'admettre dans son sein l'un des chimistes les plus distingués de notre époque, M. Robiquet, trésorier de l'École spéciale de pharmacie de Paris, et déjà elle a la douleur d'effacer son nom de la liste de ses membres correspondants, car la mort a brusquement terminé, à 60 ans, une vie qui était précieuse à plus d'un titre. En moins de quelques jours, M. Robiquet a succombé, le 29 avril, à une affection aiguë du cerveau.

Je n'entreprendrai pas de dire ici tout ce que la science doit à M. Robiquet, car l'appréciation de ses nombreux travaux m'entraînerait trop loin. Je rappellerai seulement quelques faits qui montreront ce qu'était l'homme dont nous déplorons la perte récente.

Né à Rennes, en 1780, le jeune Robiquet vint de bonne heure chercher à Paris cette instruction scientifique que la province ne pouvait point encore donner à ses enfants. La conscription l'enleva bientôt du laboratoire de Fourcroy et Vauquelin, pour l'entraîner dans les camps. Il fit, comme pharmacien militaire, les premières campagnes d'Italie. De retour à Paris, il reprit avec une nouvelle ardeur les travaux de laboratoire pour lesquels il avait une si grande aptitude, et, pendant plusieurs années, il prépara les leçons du célèbre Vauquelin, son premier maître. Son premier travail scientifique date de 1805; il avait pour objet l'analyse du suc de l'asperge, dans lequel Vauquelin et lui signalèrent, un an après, l'existence d'un nouveau principe qui, plus tard, reçut le nom *d'asparagine*. D'autres recherches chimiques intéressantes sur le soufre liquide de Lampadius, sur la baryte caustique, sur la purification du nickel, sur l'analyse de la réglisse, sur les cantharides, sur la nature du kermès, etc., recherches d'autant plus méritoires, indépendamment de leur valeur intrinsèque, qu'elles étaient le fruit de loisirs arrachés à ses occupations commerciales, (car il avait acheté une pharmacie), attirèrent sur lui les regards de l'Institut, qui, en 1812, le présenta comme son candidat pour une chaire vacante à l'École de pharmacie. Il professa successivement dans cette école la matière médicale et la chimie, et, lorsque la faiblesse de sa santé l'obligea de renoncer au professorat, il reçut de la confiance de ses collègues la charge d'administrateur trésorier. Dans ces importantes fonctions, il trouva de nouvelles occasions d'être utile à la jeunesse qu'il aimait, par les améliorations et l'extension qu'il apporta à toutes les branches de l'enseignement.

Les devoirs de M. Robiquet, comme trésorier de l'École, comme secrétaire général de la Société de pharmacie, comme membre de l'Académie royale de médecine et de la Société d'encouragement, la direction d'une importante fabrique de produits chimiques, qu'il créa en abandonnant l'exercice public de la pharmacie, ne l'empêchèrent pas de se livrer incessamment à des recherches de laboratoire; et si quelque chose doit étonner, c'est de le voir, au milieu d'une vie si active et si remplie de soins étrangers à la science, accomplir des travaux aussi remarquables et aussi consciencieux que ceux qui ont marqué si honorablement sa place parmi les chimistes les plus éminents de notre époque. Il m'est impossible de mentionner ici tous les mémoires qu'il a publiés depuis 1815; je citerai seulement de curieuses recherches sur la *matière colorante de la garance et de l'orseille;* des considérations sur *l'arôme et le bleu de Prusse*, des expériences sur *l'opium et les amandes amères ;* des réflexions sur la *constitution des corps organiques*, sur les *eaux thermales de Néris*, etc. Tous ces travaux portent le cachet d'une habileté d'expérimentation peu commune, d'une hardiesse d'esprit et d'un talent d'observation associés à la fidélité la plus scrupuleuse. Le nom de M. Robiquet se trouve mêlé aux découvertes les plus importantes de la chimie organique, dans ces dix dernières années. Ainsi, l'étude des radicaux composés date, pour ainsi dire, de ses recherches sur l'huile volatile d'amandes amères; on aperçoit, dans son mémoire sur l'acide méconique de l'opium, le germe de la loi remarquable formulée par M. Pelouze à l'égard des acides pyrogénés, etc.

La part active que M. Robiquet a prise au développement de la chimie organique, ne pouvait manquer de lui faire ouvrir les portes de l'Institut. C'est en 1833 qu'il fut élu membre de cette illustre corporation scientifique; il succéda au célèbre Chaptal. Cette haute distinction sembla ranimer son zèle et doubler ses forces, car de nombreux et importants mémoires signalèrent bientôt sa prise de possession d'un fauteuil qu'il était si digne d'occuper.

Mais c'est assez parler de l'homme scientifique; disons quelques mots de l'homme dans sa vie privée. Nous ne pouvons mieux faire que de reproduire ici le portrait qu'en a tracé un de ses élèves, M. le professeur Bussy.

« Robiquet était doué d'une imagination ardente, d'une constitution nerveuse, très impressionnable; sa conversation, vive et pleine de saillies dans l'intimité, était digne et mesurée lorsqu'il parlait dans une assemblée. Cependant, la franchise de son caractère, qui le portait toujours à aborder de front, et à résoudre sans ménagement les difficultés, lui suscita parfois de très vives oppositions; mais il faut le dire, au milieu de ses nombreux antagonistes, jamais il ne rencontra un ennemi, jamais ces discussions animées dont nous avons été si souvent témoins, ne laissèrent de souvenirs fâcheux dans son esprit ou dans celui de ses contradicteurs, car, en attaquant les opinions, il savait rendre justice aux intentions de chacun, et personne ne doutait des siennes.

« Bienveillant pour les faibles, dont il prenait à tâche de défendre les intérêts, s'il eut quelquefois une parole sévère, ce ne fut que pour ceux que leur position semblait protéger; aussi était-on disposé, en général, à excuser la vivacité de ses attaques, l'opiniâtreté de sa résistance, et son opinion finissait presque toujours par triompher.

« Respecté de ses élèves, il avait su rétablir, de nos jours, ces rapports de patronage et d'affection qui, dans les anciennes écoles, existaient entre le maître et les disciples. Pour lui, les fonctions de professeur n'étaient pas limitées au simple enseignement; il aidait ses élèves de ses conseils, de son expérience, leur aplanissait les difficultés toujours si grandes au début de la carrière. Jamais sa bienveillance et son appui ne manquèrent à ceux qui s'en montrèrent dignes. Cette affection si vive qu'il portait à ses élèves, explique les preuves de dévouement qu'il en recevait chaque jour, et justifie les regrets unanimes que sa mort a inspirés. »

Une circonstance de la vie de M. Robiquet prouve combien les jeunes gens avaient su apprécier son attachement, son zèle, et fait foi en même temps de l'amour qu'ils avaient, en retour, voué à sa personne. En 1830, le gouvernement nouveau, cherchant à s'attacher toutes les illustrations, avait donné la croix de la Légion d'honneur à plusieurs hommes distingués de notre époque, et pourtant le nom de M. Robiquet avait été oublié. Une pétition des élèves en pharmacie réclama pour le savant professeur cette distinction; le pouvoir s'empressa d'accueillir une aussi juste demande. Voici la lettre qu'à cette occasion M. Robiquet adressa aux élèves en pharmacie, et qu'il n'est pas hors de propos de rappeler ici :

« MESSIEURS,

« Je viens de recevoir la décoration de la Légion d'honneur, et ce qui lui donne un grand prix à mes yeux, c'est de la devoir principalement à vos bienveillantes sollicitations. J'ai toujours cru qu'une telle récompense ne devait point être réclamée par ceux mêmes qui pensent y avoir quelques titres, mais bien par les personnes capables d'apprécier les services qu'ils ont rendus. La demande que vous avez faite spontanément en ma faveur, prouve que vous m'avez jugé digne de l'honorable distinction qui m'est accordée, et je sens bien vivement tout ce qu'a de flatteur ce précieux témoignage de votre estime. Je ne crois pas pouvoir mieux vous en témoigner ma reconnaissance, qu'en faisant de nouveaux efforts pour justifier la bonne opinion que vous avez conçue de moi [1]. »

M. Robiquet a tenu parole ; aussi, sur sa tombe, les élèves de l'École de pharmacie ont-ils fait entendre de pieux accents d'amour et de reconnaissance.

Tel est l'homme éminent, le professeur chéri que l'Académie de Rouen s'était associé ! Pourquoi les reflets de sa gloire n'ont-ils rejailli sur elle que pendant de si cours instants !

Rouen, 30 juillet 1840.

[1] *Journal de Pharmacie et des Sciences accessoires* ; t. 17, p. 89 ; année 1831.

M. PLANCHE.

Louis-Antoine **Planche**, que la mort a enlevé, le 7 mai dernier, après trois jours de maladie, naquit à Paris, en 1776, d'une famille honorable, qui faisait le commerce d'épicerie. Après avoir terminé ses études, il choisit la carrière de la pharmacie, qu'il devait plus tard illustrer. En 1793, il partit pour l'armée comme simple volontaire, dans un de ces bataillons où s'enrôlait spontanément et en foule la jeunesse parisienne. Il ne tarda pas à être employé dans les hôpitaux; il fut élève de l'École de Mars; puis, en 1794, envoyé à l'armée des Pyrénées orientales, il suivit en Espagne le général Dugommier. M. Planche se fit distinguer dès-lors par son zèle et son aptitude, et des services importants lui furent confiés. Rentré en France, à la suite d'une grave maladie, il fut licencié, et put venir à Paris suivre les leçons des célèbres professeurs de cette époque, et se livrer tout entier à ses études de prédilection. Aussitôt qu'il fut reçu, il prit une pharmacie, et sa réputation ne tarda pas à s'établir.

Personne n'a exercé avec autant de talent, de noblesse et de probité, une profession qui réclame tant de qualités diverses; aussi M. Planche jouissait-il d'une haute estime parmi ses confrères, et représentait-il en France, comme à l'étranger, depuis 30 ans, avec le plus de dignité, la pharmacie française. Employant les connaissances les plus variées et la sagacité particulière de son esprit ingénieux, vers un but spécial : la préparation des médicaments, notre confrère a singulièrement contribué aux progrès d'un art qui est l'application la plus intéressante des faits empruntés à la chimie, à l'histoire naturelle et à la médecine. Les fastes de la Société de pharmacie, de l'Académie royale de médecine, le Bulletin et le Journal de pharmacie, dont il fut l'un des fondateurs et l'un des collaborateurs les plus assidus, les Annales de chimie, renferment une foule de précieuses recherches, d'observations judicieuses qui dénotent l'habile chimiste et le praticien consommé. Tous les travaux de M. Planche attestent une éducation soignée, un esprit élevé, un jugement sain et une érudition qui s'était étendue par la connaissance de plusieurs idiomes étrangers, particulièrement de l'anglais et de l'italien, qui lui étaient devenus familiers. On sait avec quelle exactitude il a fait passer, dans notre langue, les ouvrages de Brugnatelli et de Brande, sur la chimie médicale et pharmaceutique.

Obligé de faire un choix dans la longue liste des mémoires de pharmacie et de chimie qu'il a publiés, je me contenterai de citer ici ses recherches :

Sur la solubilité des huiles fixes dans l'alcool et les éthers sulfurique et acétique ;

Sur la préparation du mercure doux, du carbonate d'ammoniaque, des eaux minérales acidules ;

Sur la racine de colombo ; sur les résines des convolvulus ;

Sur l'action réciproque de quelques sels ammoniacaux et du perchlorure de mercure ;

Sur l'huile d'œufs et son application à l'extinction du mercure dans les graisses ;

Sur l'existence du soufre dans les végétaux ;

Sur l'action réciproque du protochlorure de mercure et de l'iode ;

Sur les diverses sortes de sagou du commerce, etc., etc.

M. Planche fut récompensé de ses efforts et de ses talents; la Société de pharmacie, la Société de médecine du département de la Seine, l'Académie royale de médecine, et plusieurs Académies de la province et de l'étranger, s'empressèrent de l'associer à leurs travaux. En 1838, il reçut la décoration de la Légion d'honneur. Cette haute récompense fut pour lui un sujet de satisfaction bien vive, car elle lui fut décernée à la demande de ses confrères de l'Académie de médecine ; c'était consacrer sa grande notabilité pharmaceutique ; personne ne le méritait mieux que lui.

Le caractère de M. Planche était plein de dignité et d'élévation, de cette élévation qui s'associe toujours à la délicatesse, et qu'il poussait quelquefois jusqu'à la susceptibilité. Naturellement sérieux et réfléchi, sa gaîté était aimable et spirituelle. D'une grande mobilité nerveuse, sujet à des accès de goutte et de rhumatisme, M. Planche était valétudinaire depuis plusieurs années. Une fluxion de poitrine l'a enlevé dans un âge peu avancé, alors qu'il mettait la dernière main à plusieurs travaux curieux. L'un de nos confrères, qui lui a succédé dans l'exercice de la pharmacie, M. Cap, a prononcé sur la tombe de son vénérable prédécesseur un éloge aussi simple que juste, lorsqu'il a dit de lui que ce fut « un savant ingénieux et modeste, un ami sûr et dévoué, un homme vrai, laborieux, utile. »

Rouen, le 1er août 1840.

M. GAILLON.

François-Benjamin Gaillon, né à Rouen le 2 juin 1782, était receveur principal des douanes à Boulogne-sur-Mer, lorsqu'il est mort, le 4 janvier 1839. Son goût pour les sciences naturelles se décela de bonne heure ; il s'attacha plus particulièrement à la botanique, et, dans cette spécialité, il fixa son attention et porta son esprit investigateur sur ces plantes si nombreuses, si variées dans leurs formes et souvent si riches dans leurs couleurs, qui peuplent les eaux de la mer. Il publia plusieurs mémoires intéressants sur ces plantes, entr'autres :

Un Aperçu microscopique et physiologique de la fructification des thalassiophytes-symphysistes. — Rouen, Baudry, 1821, in-8° de 16 pages ;

Un Résumé méthodique de la classification des thalassiophytes. — Strasbourg, Levrault, 1828, in-8° de 60 pages, avec un tableau ;

L'article *thalassiophytes* du grand dictionnaire des sciences naturelles de Levrault.

Gaillon s'occupa de la couleur verte que prennent les huîtres des parcs à certaines époques (*Essai sur les causes de la couleur verte que prennent les huîtres des parcs à certaines époques de l'année.* — Rouen, Periaux père, 1821 ; in-8° de 16 pages), et il reconnut que cette couleur dépend de la présence d'une infinité d'animalcules-microscopiques du genre *vibrion*, ainsi colorés eux-mêmes : il donne à cette nouvelle espèce le nom de *vibrio ostriarius*.

En 1823, il publia un mémoire intéressant sur le *vaucheria appendiculata*, production marine commune sur les rochers auprès de Dieppe. De nombreuses observations engagèrent Gaillon à ne voir, dans cette production, regardée jusqu'alors comme une conferve, qu'une agrégation filamenteuse d'animalcules-microscopiques du genre vibrion ; et il la rapporta au *vibrio navicularis* de Muller. Son mémoire, qui figura dans les bulletins de la Société d'émulation de Rouen, est intitulé : *Expériences microscopiques et physiologiques sur une espèce de conferve marine, production animalisée, et réflexions sur plusieurs autres espèces de productions filamenteuses analogues, considérées jusqu'alors comme végétales.* C'est dans ce mémoire qu'il commença à développer ses idées sur l'animalité des végétaux du dernier ordre, auquel il donna le nom de *Nemazoona*, et plus tard, celui de *Nemazonira.* En 1832, il publia des *tableaux synoptiques et méthodiques des genres du Nemazonira*, dans les recueils de la Société d'agriculture de Boulogne-sur-Mer, dont il fut un des membres les plus actifs et les plus distingués. Il enrichit les mémoires de cette compagnie savante d'un grand nombre d'autres travaux intéressants, et, entr'autres, d'un *Aperçu d'histoire naturelle*, et *d'Observations sur les limites qui séparent le règne végétal du règne animal ;* d'observations curieuses sur la *carie du blé*, et sur l'*uredo* qui se développe à travers le parenchyme des feuilles et des tiges des plantes, etc.

Par ses nombreuses et importantes recherches, M. Gaillon sut se placer au rang des naturalistes les plus distingués de notre époque. Il fit partie des Sociétés Linnéennes de Paris, de Lyon, de Bordeaux, de Normandie, de la Société phrénologique de Paris, des Académies des sciences belles-lettres et arts de Rouen, de Caen, d'Amiens, de la Société libre d'émulation de Rouen, de la Société d'agriculture de Boulogne-sur-Mer, de la Société d'histoire naturelle de Paris, des Sociétés des antiquaires de la Morinie et de Normandie.

Par ses mœurs douces et affables, Gaillon sut se faire beaucoup d'amis, et il eut le bonheur de ne pas compter un seul ennemi.

INDICATION

DES PIÈCES COMPOSANT CETTE BROCHURE.

www.ingramcontent.com/pod-product-compliance
Lightning Source LLC
Chambersburg PA
CBHW050624210326
41521CB00008B/1370

* 9 7 8 2 0 1 9 6 0 0 1 8 1 *